视频书
VBook

创新中国

China Reinvents Itself

《创新中国》节目组　编

人民出版社

出版说明

大型纪录片《创新中国》2018 年 1 月 22 日在中央电视台纪录频道首播。这是一部讲述中国最新科技成就和创新精神的纪录片，它关注最前沿的科学突破、最新潮的科技热点，聚焦信息技术、新型能源、中国制造、生命科学、航空航天与海洋探索等前沿领域，用鲜活的故事记录当下中国伟大的创新实践。该片创作团队还在本次制作中创新性地使用人工智能语音合成技术，完成了整部系列片的解说。

为帮助广大读者特别是青少年读者了解我国科技最前沿，推动形成和培育科学精神与创新文化，我社推出了这部纪录片的视频图文书。全书通过在纪录片解说词中配插大量生动的图片和视频，多媒体呈现当代中国的科技创新实践与创新精神。

人民出版社

2018 年 10 月

Contents 目录

第一集

信息

“0”和“1”建构起一个崭新的世界，信息和数据无处不在，在线互联无往不利，人类社会正在经历一场信息革命。在中国，炙手可热的信息领域，引发着巨大的社会变革。从偏远山村到现代都市，从古老的传统行业到新锐的试验场，大数据、物联网、人工智能、量子通信……最热点的领域探索带来最前沿的科技突破，我们将在这一集看到创新力量引导的数字变革以及它所描摹的未来图景。

第一集

我们生活、工作和沟通的方式正在被彻底颠覆。
中国人与世界的距离从来没有如此之近。
改变，已经无处不在。

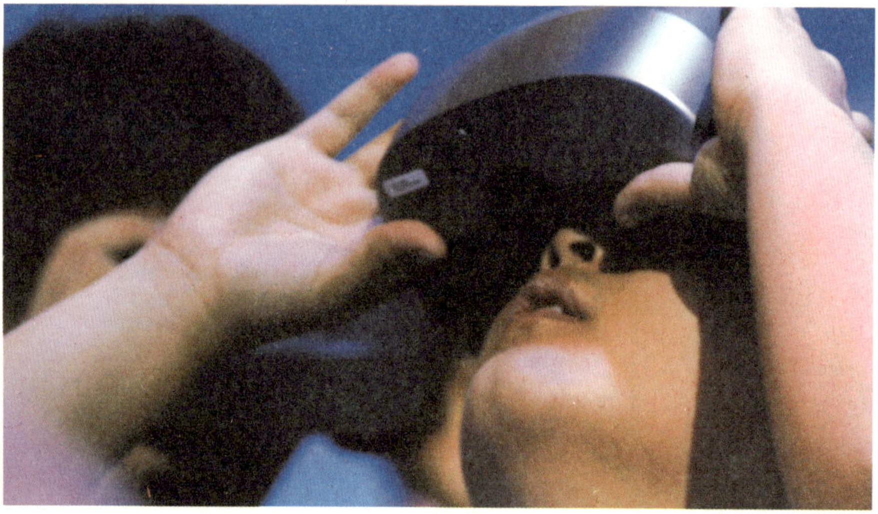

1. 物流无人机

江西赣州即将迎来一场变革。这里刚刚被国家批准为物流无人机在全国的第一个试点。江西赣州高低起伏的丘陵地貌，使传统物流难以抵达偏远乡村，而这一特殊的地理条件却恰恰为无人机提供了理想的应用场景。无人机的到来，为赣州当地的快递小哥带来了前所未有的发展机会。他们将亲身经历物流领域正在上演的一次创新革命。

姜明涛（顺丰无人机项目负责人）：

大约是在2013年雅安地震的时候，那个时候看到一些物品很难运送到灾区。不只是一些日常的生活物资，包括一些紧急的救援物资，当时配送都是比较困难的。基于以上我们的总裁就提出是否可以用无人机去把这些物品进行快速传递。

中国幅员辽阔，从山区、岛屿，到戈壁、草原，复杂多样的地貌带来高昂的投递成本。今天，还没有任何一家物流企业能做到真正的全覆盖。而无人机将延展人类被限制的脚步。如果能攻克技术壁垒，突破山川阻隔，送至“最后一公里”，网购、快递带来的便利，也将惠及每一个遥远的山村。

但是，与市面上其他无人机相比，物流无人机的不同在于，它既要适应高频次的飞行，还要保证把货物安全送达目的地，这是一个极大的挑战。

姜明涛：

举个很简单的例子，一些行业级应用无人机，它下面吊载的一些设备，是固定的。它的重量，它的重心永远是不变的。不像物流，可能每天每时每刻运送的物品都是不一样的，这就需要在飞控上去用算法，达到非常可靠稳定的飞行。

小实验：飞控系统——“不掉高度”

彭国标（顺丰无人机项目工程师）：

这个是无人机最重要的一个部分，叫飞控系统。在飞机上面挂一个 200 多克的电池，正常来说因为重力的关系，飞机肯定会往下沉，但是很快地它就维持在了原来的高度，是因为我们的飞控，通过 IMU（惯性测量单元），感知到它的姿态变化以后，就把数据传输给飞控系统。飞控系统会根据它飞控程序的设定，去通知四个马达，做出一些动力输出的改变，让它稳定在那个高度。

走出深圳实验室，走向实际应用场景，无人机团队筹备了足足 4 年。现在，他们来到赣州，带来了两款独特机型。

彭国标:

赣州试飞主要是这两款机型。一款是我们的研发代号叫H4的四旋翼。载重是5公斤到8公斤，飞行距离15公里左右。另外一款我们称之为“魔鬼鱼”，垂直起降的固定翼。它最大的一个优点就是长航程。我们这款“魔鬼鱼”可以载重10公斤，飞行距离100公里。其实像这种“翼身融合”的飞机，无论是民用的还是军用的都会比较罕见，如果用在我们物流的无人机上面，它是世界上第一台。

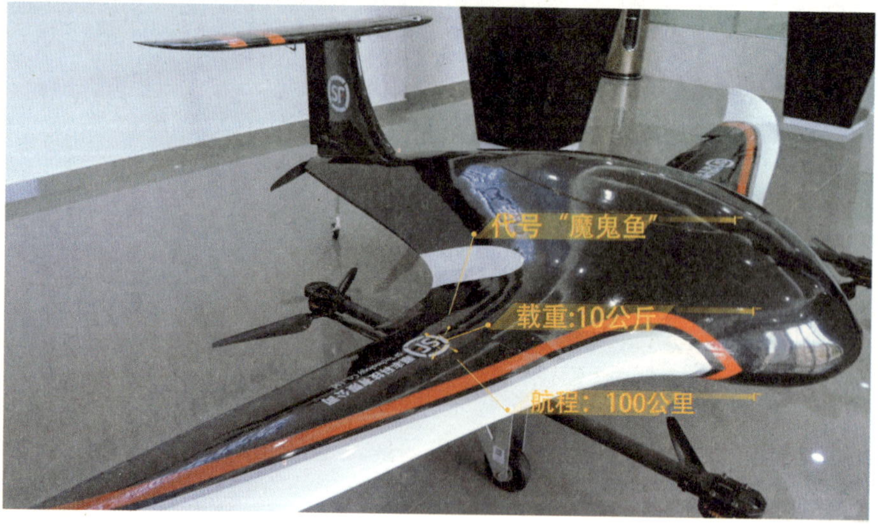

创新的灵感往往源自意想不到的地方。一种长相奇怪的海洋鱼类启发了设计师，一台与众不同的物流无人机就此诞生。这种设计被称为“翼身融合”，它提供了更大的载货空间，并延长了航程。“魔鬼鱼”的这些特点，更好地适应了物流行业的特殊需求。

在不久的将来，物流无人机将首先在赣州的经营网点之间实现快递传送。

技术与想象力的结合，不断给我们带来惊喜。
信息浪潮席卷之下，没有人确切知道下一个改变会发生在哪里。

2. 无人驾驶

如果你到过繁华都市的地下停车场，一定不会对这样的场景感到陌生：地下停车场，各种人找不到车。

现在，这些迷失在停车场的人们，有了一个新的帮手。专门为此设计的一种智能车正在进行测试。

这是一辆四个轮子的移动机器人，四周密布的摄像头，让它能够通过机器学习的方式对路线进行定位，搭载客人自动找到停车位。

现代人每天在驾驶上花费的时间越来越多。这些被困在移动“铁盒子”里的人们，除了手握方向盘，大多数时间都无所事事。司机的注意力一旦稍有分散，还会带来极大的安全隐患。无人驾驶技术，将第一次解放人类的双手，把方向盘交给机器控制。对于创业者来说，这蕴含着巨大的商机。

所有人都在争分夺秒。世界各国的主流汽车制造商采取的策略，是在已有成熟车型上，增加自适应巡航、紧急自动刹车等辅助驾驶功能，逐步实现汽车的完全自动驾驶。但是吴甘沙要做的，与他们不同。

吴甘沙（驭势科技创始人）：

我们蹦出来的一个最疯狂的念头——我们能不能从头开始设计一辆无人驾驶的车，它的基因就是无人驾驶。可以是一个移动包厢、移动吧台，你不用考虑从A点到B点该怎么走。你只要在这么一个空间里面，去享受、去做好你想做的事情。

完全没有方向盘、仪表盘甚至刹车，汽车直接变成了一个无人驾驶的移动包厢。

在2017年全球规模最大的电子产品和新技术展览会上，吴甘沙团队带着这项大胆尝试第一次亮相。

姜岩（驭势科技首席技术官）：

园区、景区、机场，这种凡是路线已经固定好了的，都适合做无人驾驶。它最大的优势就在于，在这种重复路线上行驶的，不太适合人类的劳作，因为这样的话，是一件非常乏味的事情，也非常容易疲劳。

车顶上，GPS 定位、激光雷达和立体相机感知系统扮演着无人驾驶车的“眼睛”。但“视力”越敏锐，价格也越昂贵。这就使得，无人驾驶无论在国外还是国内，大多还处在闭门造车的测试阶段。要突破僵局，必须选择一条与众不同的技术路线。

吴甘沙：

谷歌用的64线激光雷达，一台就70万元人民币，我们用的16线激光雷达，一台差不多是几万元人民币。但是我们通过人工智能，也就是说我们用最好的算法，能够去弥补感知能力的缺陷。

姜岩：

我认为国内在无人驾驶上实现会比国外要快，因为我们的城镇化还在进行，而这些新的城镇可以从一开始就为无人驾驶做一些规划设计，但这种条件在发达国家是不可能的。中国一个先天的优势，可以实现一个我们叫它直道的超车，而不是弯道的超车，因为这条道在国外都没有。

无人驾驶这样描述未来：人们在车内的时光将发生改变，汽车也将成为巨大的移动终端。一个新世界的可能性，正是在一次又一次的尝试中渐渐清晰。

3. 大数据农业

美国航空航天局的前大数据科学家张弓正在制作一颗卫星，飞入太空后，这颗搭载着最先进光学仪器的卫星，将会服务于古老的产业——农业。

张弓（佳格天地联合创始人）：

我们在美国可能看到的都是巨大的地块，联合收割机有长达几十米的收割盘，一个人操作，然后就能大片地来收获。我们印象里的中国其实是土地比较碎，一人一亩三分地的这种状态。生产集约化是很难做到的。需要更多的人力、更多的物力去投入才能把每块地都经营好。

张弓：

中国的农业在发生重大的变化，OK，就是这个时候。是什么呢？风起于青萍之末。正好是最开始的时候我们就要去介入，我有我们这种充分的技术支撑，能够更好更快地促进这个现代化过程。

张弓团队由曾服务于美国航空航天局的空间、气象和农业学家组成，两年前，这些年轻科学家离开硅谷，回到中国，他们要用大数据技术解决长久以来制约中国农业现代化发展的难题。

四月，陕西千阳的苹果花只盛放一周时间。这一周对张弓来说至关重要，他要在上万亩的苹果园里，数出每一棵树上苹果花的数量。

张弓：

为什么数它的花的数量？是因为花的数量就反映了未来的产量。这个评估特别重要，如果它那个时候，集中有大量的果子去采摘，其实对物流、对仓储都有很大的压力。通过我们的航拍加上我们卫星的图像，去训练机器。我们可以看到人眼其实很难识别，但是机器就能把它一个一个都数出来。

检测仪器被埋入地下，传感器正对着苹果树根部，水分、温度、肥料多种土壤数据都将被收集。

张弓：

可以看到在第三天的时候，土壤水分有一个急剧地增高，实际上当天应该是有一个有效的降水过程。我们的这种自动灌溉系统，就会相对来说减少它的灌溉量。那这个时候我们就需要有一套标准化的信息回传的系统。

1000 多颗卫星运行在地球周围，每天向地面传输数以亿计的各类数据。新一代的卫星技术，观察已达到亚米级别，这意味着我们能从万米高空，看到几十厘米大小的物体。结合高分辨率卫星影像，大数据算法正在悄无声息地影响着我们每天的生活。

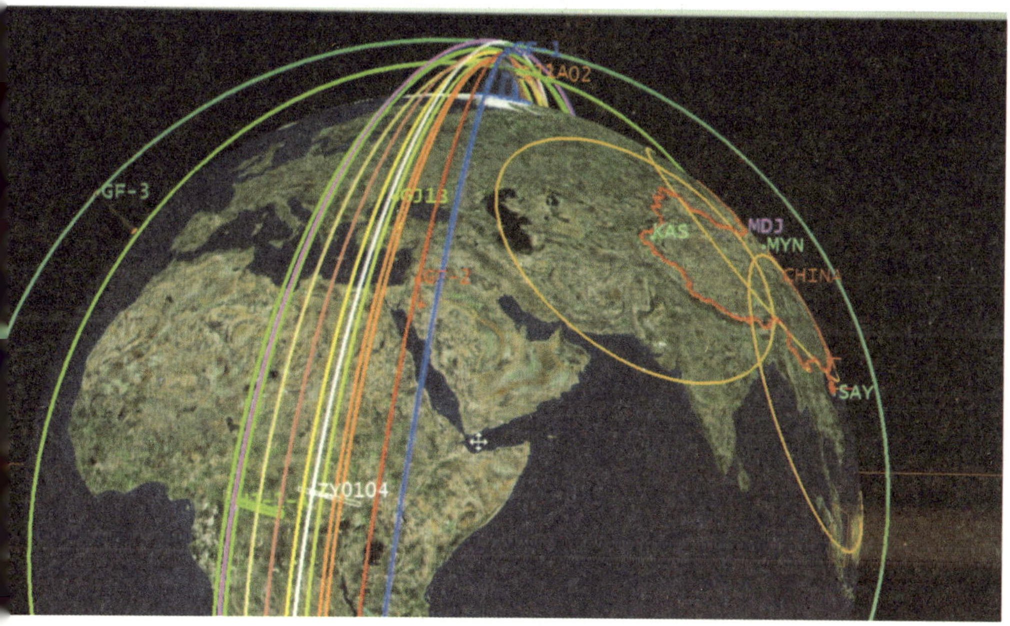

午夜12点到清晨6点，是新发地最活跃的时间。这里是北京最大的农产品交易中心，每天为几千万人提供新鲜的水果蔬菜。这些食物从何而来?

张弓:

这是我们通过卫星影像，切出来的一小块地方。这个地方就在山东寿光，其实北京消耗的蔬菜里面，有70%都是从这个地方来的……这个区块就是我们在卫星影像上叠加出来的大棚，光寿光一个县就有231764个大棚!

这个精确数字，能够预估寿光的蔬菜供应量，降低了市场波动的风险，最终影响着500公里外北京的蔬菜价格。

顾竹（佳格天地联合创始人）：

中国的农业其实和美国是有很大的差别的，我们对于土地的感情，我们整个知识的结构，我们的哲学层面上的这些架构，其实和农业是有非常非常紧密的联系。要说大数据这种东西，在我看来，在中国我们的大数据存在于每一个耕种者的脑子里面，他们的脑子里面有一整套非常丰富的大数据系统，但差别就是我们并没有把这些知识总结出来。留存在大家脑中的这些经验和理论，把它提取出来，用计算机的语言去描述它，这是我们中国自己的农业大数据，这是全球都没有的东西。

危楼高百尺，手可摘星辰。这个时候你会觉得广阔的宇宙其实离你也很近……

中国，人类农业文明的发源地之一，历史上无数农耕技术的创新在这里发生，成就了华夏文明的辉煌。

今天，信息技术将为传统农业注入新的活力，中国农民正从看天吃饭，走向知天而作。

4. 物联网大楼

深圳，一座全新的地标性建筑正拔地而起。这不仅仅是一栋大楼，更是智能互联设备的庞大试验场。万超希望在此实施一个雄心勃勃的物联网计划。

万超（腾讯规划设计部总经理）:

我觉得它最特别的地方是在滨海大厦里面，第一次能够将整个大楼的大型设备，将运维的管理体系，将人的行为，综合地结合在一起。

万超团队的设想已经明确。在这栋可容纳 1 万人的大楼里，人脸识别系统在入口处获取身份信息后，会随即触发大楼里所有的智能设备进行联动，为每一个进入这里的人做出个性化服务。大楼内有 56 部电梯将不设数字按键，员工用微信直接预约楼层，最近的电梯会在最短的时间内到达；会议室则会依据出席人员的情况自动调整温度和亮度。

万超带领的规划设计部一直在和建筑工地打交道，20 多名员工，在一个 3 万人的互联网公司里，似乎是一个最不可能创新的部门。早在 2010 年，现有总部投入使用仅仅一年后，就因员工数量的激增超过负荷，新总部大楼随即开始筹建。这一次，万超已不再满足于把楼盖好。

万超：

人的24小时当中，有20个小时是在建筑里，你如何在建筑的空间里面（感到）舒适？我们进了门闸，通过人脸识别，门闸知道了，摄像头知道了，那其实我们的电梯也知道了。我们时常说，我们的电梯将会变成一个聪明的电梯。甚至在电梯运行的过程当中，你房间的灯、空调都知道你将要到达。它怎么知道你来的？它这个信息是通过什么样的途径获得的？同时电梯在跟机器人之间，它们两个物之间又怎么交流？而所有这些信息流，数据的传递都是通过“卯识”操作系统。

这个内部代号暂定为“卵识”的物联网系统，是万超团队最得意的作品。过去在一栋大楼里，电梯、火灾报警、安防监控等系统都是独立运行，需要物业管理人员不停切换才能操控。而现在，物联网系统第一次把它们汇集到了一个软件当中，彻底颠覆了原有的大楼管理模式。从北京到深圳的办公室，从餐厅人流到地下停车场占用率，任意角落的实时情况都可以第一时间调取；每一个白点都代表着一盏灯，精准显示实际位置，管理人员可以随时操作物联网系统，控制开关和明暗。

对于万超来说，把这套前所未有的操作系统暂时称作“卵识”，寄托着研发团队对未来世界的期待。

没有人知道万物相连的世界什么时候能真正到来，没有人知道人类还将创造出怎样的未来。

未知激发了创新者的热情。科技进步，正极大地释放着人们的想象力。

5. 城市大脑

王坚，一个“不会写代码”的心理学博士，却领导着一批优秀的软件工程师。他们要做无中生有之事，让城市变得更加聪明。而这一切，都依赖于一种看不见痕迹的资源。

王坚（阿里巴巴技术委员会主席）：

中国的老百姓是用手机来买茶叶蛋的，但美国的老百姓是用支票来付水电费的。表面上看这两个只是付钱的差别，但结果是他们产生的数据资源是不一样的。数据这件事情是全世界没有搞好，而中国恰恰是资源最丰富的国家，这点上是我们可以给世界做创新的，我觉得是最重要最重要的一点。

中国拥有 13 亿多人口，每年产生的数字信息约占全球的 13%。我们工作、消费，我们运动、生活。各种行为轨迹被记录下来，沉淀成为庞大的数据。这些数据驳杂纷乱，仿佛百无一用，但如果能让它们“听从指挥”，便能产生巨大的能量。现在，王坚要用机器智能，把庞大数据转换成智慧和财富。他率先在城市交通领域开始了这项试验。

如何在第一时间发现事故和拥堵路段，以最快的速度解决交通问题，一直让交警们绞尽脑汁。虽然这座城市里，有上万个交通摄像头，记录着每时每刻的路况信息，但依靠人工监看，效率极低。

王坚希望说服交警通过“城市大脑”项目解决这一难题。

对于有着多年实战经验的交警们来说，人工智能的加入是第一次。王坚团队的算法专家们得到了两个月试验期，他们要训练机器认识车辆，在海量数据中，第一时间提取出影响出行效率的事件。

在交警指挥中心，“城市大脑”项目开始试运行。通过一次又一次的训练，机器渐渐学会认识什么是事故，什么是拥堵。

这是一个让人兴奋的起点，从这里出发，也许有一天，我们的城市真能拥有一个超级大脑。当互联网已经像电网一样成为城市的基础设施，计算便能点亮沉睡的数据，创造一种新财富。

王坚：

你就想如果今天我们真的能把一个城市，50 万到 100 万个摄像头都能用这种方法，如果能看完的话，那基本上这个城市的商业结构啊，什么东西都知道了，对不对？有多少人去星巴克，基本上这个城市所有的都知道了，所以这个东西只是开始，交通只是开始的开始。所以我想它是一个城市的，所要支撑城市发展的，机器智能的一个非常重要的元素，就跟你的眼睛是一样的。

我们依然看不见那些无处不在的数据，但我们却能透过数据和计算，窥见一个智能社会的未来。

6. 量子世界

上海，量子信息与量子科技创新研究院。在这里，我们理解宇宙的角度将发生改变。量子物理学家潘建伟正试图带领团队劈开一个现实世界的硬核，解密另一个令人惊叹的微观世界。爱因斯坦形容这个世界如“幽灵”一般，在那里，人类坚信不疑的很多自然法则都将失效。

陆朝阳（光量子计算研究室负责人）：

量子世界是一个什么样的世界？量子世界是一个……你每天都在使用，但是你看不到它的存在，如果你能够把自己缩小成你头发丝的几千万分之一这么小的时候，你就会看到一个全新的，有着不同规则的这么一个世界。

量子力学被称为“上世纪最伟大的科学发现”之一，它听起来高深莫测，其实一直在我们身边。如果没有量子力学，今天使用的计算机、移动通信、全球定位系统等关键技术都将从我们的生活中消失。

现在，科学家们要利用量子世界特有的规律，制造一台光量子计算机，如果成功，几十万年的运算时间将缩短为几秒钟。

陆朝阳：

我们现在正在做的这个光量子计算机呢，它是第一次超越了最早期的那个经典的计算机。我们现在在实验室看到的这个样子，肯定和大家想的完全不一样。但是呢，其实我们知道1946年在宾夕法尼亚诞生的第一台计算机，其实是我们这个实验室屋子的大概5倍这么大。

世界上第一台计算机诞生二十年后，英特尔的创始人戈登·摩尔提出了著名的“摩尔定律”：每18个月左右，计算机的运算速度就会翻一倍。依靠芯片的集成度不断提高，使计算速度越来越快。今天，一枚晶体管的尺寸已经远小于一个流感病毒，逼近物理极限。摩尔定律终结后，人类还能如何提高计算速度？科学家们相信，操控光量子将有可能成为颠覆计算能力的一个重要途径。

陆朝阳：

光量子计算机，它是用一个光子作为它的信息来做计算，它不仅可以是0，可以是1，同时，它还可以同时处于0和1。

计算的基本单元被称为“比特”，即0或1 。“比特”在经典世界中“非0即1”的单一状态，来到奇妙的量子世界，竟出现了多种状态叠加存在的现象。这意味着当量子比特的数目不断增加，计算速度就会呈指数级增长。当达到50个量子比特时，也就是2的50次方种状态同时存在，这个数字究竟巨大到什么程度呢？换算成1张0.1毫米的A4纸折叠50次的厚度，这个数字是1亿公里，接近于从地球到太阳距离的四分之三。

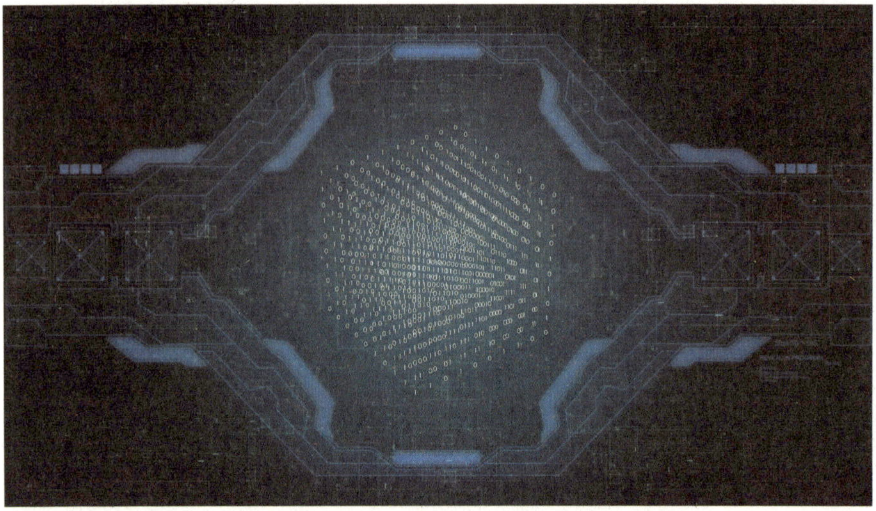

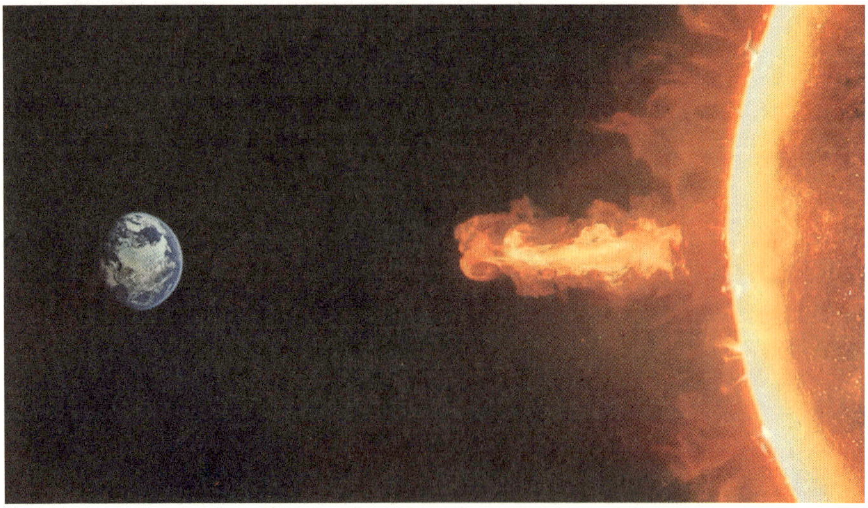

若想造出一台光量子计算机，最关键的就是要让光量子服从控制。

四十瓦灯泡被点亮的一刹那，你看到的是一束光，看不到的是万亿亿个光量子正以我们无法掌控的奇特轨迹运动。想要抓住其中一个，让它听从指挥，对于宏观世界里的科学家们来说，几乎是不可能完成的任务。

在过去的几十年里，很多科学家怀疑量子计算只是一个美好愿景，甚至连陆朝阳的老师潘建伟也一度觉得无路可走。

潘建伟（中国科学院院士）：

当时我记得，我们 2003 年、2004 年做了 4 个比特，5 个比特。当时我们觉得都没什么希望了；就是去干这个东西干什么？所以我老是跟朝阳讲，我们可能要没有饭碗了，没饭吃了。

在这样的困境和压力下，科学家们努力了 12 年。直到陆朝阳的实验室研发出了一种“脉冲共振荧光”的独特技术，这让他终于成功控制住了 10 个光子。

陆朝阳：

国际的同行之前最好的实验，我们要比他们快 24000 多倍。

世界上第一台超越早期经典计算机的光量子计算机就此诞生，国际顶级科学期刊称陆朝阳为“操纵光子的巫师”。

Shandong Institute of Environmental Science in Jinan. “He has more power than before,” Liu says, but he also faces “more arduous and heavy responsibilities.”

CHAOYANG LU: Quantum wizard

A young physicist works wonders with photons.

By M. Mitchell Waldrop

When Chaoyang Lu was at school in a tiny village in Zhejiang province, he fell in love with physics. “You could figure out how everything works by a few simple equations,” he says.

Now Lu is a rising star in China’s push to master quantum information technology — which could eventually lead to powerful new types of computing and secure communications. The 33-year-old, a physicist at the University of Science and Technology of China in Hefei, is noted for his work with ‘entanglement’, in which the quantum states of different particles are linked regardless

Illustration by Paddy Mills

陆朝阳：

我们现在看到的这一大片相当于经典计算机的中央处理器的部分……在这个干涉仪里面呢，每个光子就是做一个它做的事情。

我们现在能来操纵一个原子，一个光子的话，就像是交响乐里面的，一个人在拉小提琴，另外一个人在打鼓。

潘建伟：

如果说我能做到一百个比特的时候，它对某些特定问题的求解能力，就可能比超级计算机快百亿亿倍了……新的量子信息科学的诞生，是会极大地推动包括生命科学、现代的信息科学、我们能源科学各方面的这么一个发展。

量子世界带给我们的震撼并不仅限于此。数千年来，人类一直希望实现绝对安全的通信。借助量子的独有特性，潘建伟带领科学家已经寻找到无法被破译的密码，这是人类目前唯一无条件安全的加密方式。远在青海的戈壁滩上，潘建伟团队另一个更年轻的小组正在为实现量子通信而努力。

青海 德令哈

杨奎星的实验任务只有在半夜才能进行，每天傍晚，这个仅有两人的科研小组，都要颠簸一小时的山路，奔赴茫茫戈壁尽头的天文台，去完成量子通信中最关键的一环——“量子密钥分发”实验。

量子密钥采用单光子作为载体，任何干扰和复制，都会让密码立即失效，通信当中的所有窃听行为都将变为不可能。

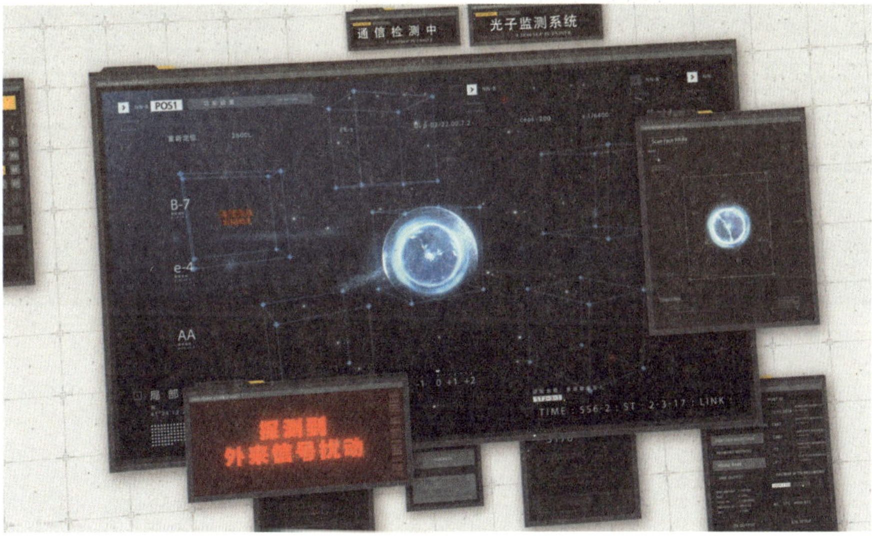

2016年8月16日，世界首颗量子卫星“墨子号”在中国发射升空。

在外太空几乎真空的环境里，光信号的损耗会降到最低。量子卫星围绕地球运转，是实现超远距离量子通信最有希望的途径。

每天凌晨1点至3点之间，“墨子号”会飞过青海德令哈上空。在卫星过境仅有的10分钟内，科学家们要使用激光跟瞄，让望远镜准确接收1200公里外量子卫星发射出的光子，完成“星地对接”。

杨奎星（中国科技大学博士）：

因为卫星飞得非常快，大概每秒钟能够飞个8公里这样一个速度，这种难度就相当于，从一个1万米的高空上面飞行的飞机，往地面上的一个储蓄罐扔钢镚（硬币），这样一个对准的精度。

2017 年 8 月，“墨子号”卫星完成了所有预定的科学实验。潘建伟和他的同伴们并没有止步，在竞争激烈的量子科学领域，他们希望成为世界的领先者。

在通向未来的道路上，究竟是什么点燃了人类灿烂的想象力？

对未知的好奇，对困境的思考，对美好未来的期待，正推开一个又一个崭新世界的大门。

第二集

能源

煤能够变成石油吗？太阳能够被人造出来吗？人体能成为发电机吗？

大胆的尝试、新型的能源，都将在这里逐一展示。思考能源的未来、面对审时度势的考验，中国人在能源领域可以肩负怎样的责任与担当？以东方智慧结合现代科技，以创新精神推动能源变革，这样的故事在为中国，也在为世界打造一个充满动力的未来。

第二集

当下的我们，前所未有地支配着种类繁多的能源。但没有哪一种能源是完美的。

我们开动脑筋维持能源与环境的平衡，创造新的技术克服能源的缺陷，而科学家们，从未停止对新型能源的探索。

在驾驭能源的路上，中国人一直没有松懈，我们用自身的努力，期待着一个充满动力的未来。

1. 鸡粪发电

孵化厂的工人，每天要经手上万枚鸡蛋。

蛋变成鸡，需要在孵化器里经历 21 天的时间。

这些刚孵化出来的小鸡，将被送往 40 公里外，武夷山脉的深处。

福建省光泽县，不仅是福建重要的粮仓，也是全亚洲最大的白羽肉鸡养殖基地。

一辆标准的输送车，每一趟可以承运 3 万只鸡苗。

每只鸡从出生到运达养鸡场，不会超过一个小时。

面积将近 2000 平方米的鸡舍，将是 3 万只小鸡的家。在光泽县和邻近的县市，一模一样的鸡舍还有 1600 个，一共 5 亿只鸡。

即便是亚洲最专业的养殖基地也不敢轻视的问题是——粪便。

一只鸡从破壳到出栏，42 天的时间里，将会产生 4 公斤的粪便，5 亿只鸡带来的是一个天文数字。

一栋鸡舍里，3 万只鸡产生的 100 吨鸡粪，必须一次性清理完成。

传统的清理方法，是将鸡粪制作成肥料出售。而光泽县根本无法消纳如此大量的鸡粪。

更大的压力来自 40 公里外的富屯溪，它位于福建省母亲河闽江的上游。如果找不到一个创新的方法，每天产生的鸡粪，对整个中国东南地区的水系，将造成毁灭性的灾难。

44 岁的张永亮，承担着处理鸡粪的任务，他的方法是：燃烧发电。

将鸡粪作为能源的方案，从鸡苗喂养的第一天就做好了铺垫。

张永亮（发电厂总工程师）：

最关键的东西是谷壳，根据养鸡的工序，它里面是要先铺稻壳的，出栏以后，稻壳虽然烂了一部分，热值会丢掉一部分，但是还是存在。

一车才拉 8 吨，像我们这里一天可以处理 800 多吨，我们每天 80 车到 90 车。如果你要把它变成能源，它这个 3 吨鸡粪基本上相当于 1 吨煤。

张永亮的发电厂并不起眼，它每年生产 1.3 亿度的电力，仅够 4 万户家庭使用。但作为亚洲最大的鸡粪发电厂，在过去的两年，已经处理了 80 多万吨的鸡粪。

鸡粪发电，是一种变废为宝的智慧。为了维持发展和环境的平衡，需要我们投入更多创新思考的能源——煤炭。

2. 清洁的火电

中国最大的露天煤矿之一，山西平朔煤田。376 平方公里的范围内，煤矿的地质储量达到 126 亿吨。

承重可达 300 吨的运煤车昼夜不停。

电铲沿着采掘面步步推进，将土地切出平均每层 15 米的高度差，如同巨人的台阶。这种分层挖掘的方式，有助于在开采完成后进行土壤回填。

2016 年，中国消费了 27 亿吨标准煤。它们中的大部分被用来发电。这趟运煤车的目的地是中国最现代化的城市。

上海，吸纳了 2500 万人口的不夜城。

电不仅点亮了夜空，而且它将现代人的生活拓展到 24 小时。

这座中国经济最发达的城市，在过去的一年中，消耗了 1486.02 亿千瓦时的电。

上海市全年用电的十分之一，来自这里——外高桥第三发电有限责任公司，这座位于长江入海口的电厂，行业内习惯称它——外三。

然而，正是在两百年前，从工业革命开始，人类利用煤炭“发明”了空气污染，在中国人口最密集的城市用煤炭来发电，真的合适吗？

几乎世界上所有的国家都在使用煤炭发电。煤电在全球的电力生产中占到了 40%。在中国，高达 65%。

冯伟忠（上海外高桥第三发电有限责任公司副董事长）：

中国的资源禀赋就决定了，在相当长的历史时期内，中国的能源发展离不开煤炭。

1955年出生于上海的冯伟忠，进入电力行业时还是个16岁的学徒。三十年后，已经在发电厂担任负责人的冯伟忠，接受了一个任务，打造一座最环保、最清洁的电厂。

冯伟忠：

我们火力发电遇到了两个挑战，一个是如何提高效率，降低二氧化碳的排放，另外一个就是如何降低对环境的影响，这个技术创新，主要就是围绕着这两个方面。提高效率，这一点是根本。

我们这个锅炉，它是火力发电厂最主要的关键设备。高度129米，它的炉膛超过400平方米，它是重要的一个能量的转换装置。如何节能？在锅炉里就大有文章可做，有很多的创新技术应用在锅炉上，包括从煤磨制成煤粉，如何提高它的磨制效率，高效地燃烧。

火力发电厂最重要的指标是煤耗，2015年，中国煤电的平均煤耗是每发一度电需要312克的煤。外三，装备的是两台100万千瓦级的燃煤发电机组，将煤耗乘以100万就是满足它所需要的煤炭。

冯伟忠：

200万千瓦的发电能力意味着什么？要知道我们共和国1949年建国的时候，全中国的发电总装机容量180万千瓦！

2013年，外三以276.82克每千瓦时的煤耗，打破了丹麦电厂保持的世界纪录。基本上每降低1克的煤耗，都伴随着冯伟忠团队改造设备得出的一项专利。

这项新纪录还意味着，每送出1度电，外三可比全国平均水平节约45克标准煤，1年就可以节煤52万吨，价值3亿元以上。

冯伟忠：

也就是说同样发1度电，少花20%，这方面不光是节约了将近20%的煤炭资源的消耗，同时向大气的二氧化碳排放也减少了这么多。

在17摄氏度以上的室外温度下，外三的排放口连水蒸气都看不到。这种除尘脱硫达到近乎100%的标准，被称为近零排放。

世界第一不是冯伟忠的终点。他正在规划一座更新的电站，在降低煤耗的路上，没有最低，只有更低。

《华尔街日报》称外三为“世界上效率最高的发电厂”，国际能源署说这里有“地球上最清洁的火电”，中国正施行着世界上最环保的煤炭利用。

我们为环境所做的一切创新努力，都将得到更长远的回报。

3. 能源互补

巡视电站是李鹏福的日常工作。他负责的光伏电站位于青海省的共和县，海拔 3000 米以上的戈壁上。

光伏是如今最普遍的绿色能源之一。光伏上的半导体材料，可以利用阳光里的光子运动直接产生电压，制造电力。

因为光伏的架设，减少了地表水分的蒸发，戈壁上的植被正在迅速恢复。这项意外的收获却给李鹏福带来了烦恼。

李鹏福（共和光伏园区维护中心副主任）：

这些草有的时候对我们光伏板（来说）影响发电量，而且冬季防火这方面比较严重。

除掉一片杂草不难，但清理世界上最大的光伏电站，就是另外一回事了。李鹏福工作的共和光伏园区，单体电站装机量达到 850 兆瓦，占地面积 54 平方公里，可以修建 5160 个标准操场。在正式入冬前，李鹏福每年都要组织人工割草。

李鹏福：

仅仅我们割草的费用，一年将近在 180 万元。

2016 年底，周边牧民率领第一批 2000 只藏羊住进了光伏园区。这些羊每 300 只被分为一组，分区域作业。它们可以吃掉大部分杂草。

一只 40 公斤的成年藏羊一天可以吃掉 5 公斤草料。2000 只羊可以包干 10 平方公里。

除草只是个小的麻烦，全世界光伏电站面临的真正难题是，不能够持续发电。在夜晚和阴雨天，光伏的发电几乎为零。甚至晴天的一片云彩，也会使光伏的发电量产生大的波动。

但我们的电网需要稳定的电力输入，才能保证安全的运营。

40 公里外，世界上最大的光伏电站，找到了一个同样强劲的搭档。它只需几毫秒的时间，就可以补足光伏缺失的电力。

黄河流经青海大草原后，迎来上游第一座梯级电站——龙羊峡水电站。龙羊峡河道天然落差将近 240 米，最窄处仅有 30 米，是建设水电站的绝佳地形。

龙羊峡水电站坝高 178 米，坝长 1226 米，被称为黄河龙头电站，1986 年正式下闸蓄水，在黄河上拦出一座 383 平方千米、库容 247 亿立方米的人工水库。电站装备四台总装机容量 128 万千瓦的发电机组，可以 24 小时不间断发电。

龙羊峡水电站实行 6 小时轮值班制，每班 3 到 4 人，康祥明是值长，半夜一点半的班。

龙羊峡水电站，需要在共和光伏夜间无法发电的情况下，承担起发电任务。

日出后，共和光伏园区开始了一天的发电，龙羊峡水电站也同时开始了调峰工作。

同属于黄河公司的龙羊峡水电站和共和光伏园区，是世界上第一例水光互补项目。光伏作为水电的虚拟机组，一同并网。

水和光，在地球上携手创造了生命，而阴阳调和，是中国最古老的智慧。中国人利用一条大河、一片戈壁，克服了光伏的局限，创新性地实现了传统能源与新能源有效协调运行。

在当下的中国，光伏正在不断地适应着各种地貌特征。

在以丘陵为主的福建省，光伏沿着山势覆盖出一座梯田。现代技术融入自然中，成为一道别有趣味的景观。

在水系发达的浙江，面积 4492 亩的鱼塘中，水下可以养鱼，水上可以通过光伏发电。

在华北平原，光伏遇到了另外一个搭档——风力发电机。

河北省张北县，来自北方的风正推动着涡轮机，产生着电能。风力发电的效率很高，被认为是将来能与煤电一较高下的清洁能源。

但风总有停的时候，我们能创造出怎样的新方法来克服风能的局限呢？

在国家风光储输示范基地，解决这个难题的办法是，给风机和光伏装上电池。电池组在风力和日照较好时进行储能，在天气不佳时进行输出，维持着电网需要的稳定功率，高性能电池组的出现，让自然能源变得更加有效和可控。

但在中国，并不是所有地区都具有多重能源调和的条件。我们仍然需要开发一种自身就能突破天气局限的能源装置。

敦煌，位于中国西部腾格里沙漠的边缘。全年日照时数达到 3000 多小时，阳光是这里最大的“特产”。

采集阳光的奥秘在于这些镜子。这些巨大的镜子每一面都有 115 平方米。太阳尚未露面，此刻是清洗它们的最佳时机。

1525 面镜子，环绕着一座高 138 米的集热装置，组成这座光热电站。

光热电站平均每天运行的时间是 8 个小时，当日照强度达到发电标准时，工程师通过调整镜子的角度，将阳光反射并聚焦到塔顶的集热器上。

黄文博（光热电站副总指挥）：

要起机就必须要预热，预热到两三百度的时候，熔盐才打上去。

聚集的阳光可以形成超过 1000 摄氏度的高温，集热器将热量传递到塔下 5800 吨的熔盐中。用水冷却熔盐的过程中，产生大量蒸汽，推动汽轮机产生电力。

太阳的位置不断地变化，这些镜子能够时刻精准地追踪吗？

黄文博：

让它向东它就向东，向西就向西，而且要很准确地投射在一个点上。

双轴跟踪技术让镜子学会了向日葵的本领。经过编程，它们能够随着太阳的移位时刻保持最佳的反射角度，追踪精度可以达到 0.03 度至 0.05 度，所以这些不简单的镜子有一个形象的名字——定日镜。

2016 年底，敦煌 10 兆瓦光热电站正式发电并网，它每年可以为 3 万户家庭提供 100% 的清洁电力。

敦煌光热电站最显著的优势，在日落之后。

控制室——光热电站的大脑，计算机正在进行一项重要操作，利用白天储存的热量发电。

黄文博：

从聚光、吸热、储热、换热，它整个控制都是全自动的。

熔盐在白天根据天气变化，像水电一样进行调峰，在夜晚，则像火电机组一样稳定地发电。

这是亚洲第一座、世界第三座可以 24 小时持续发电的熔盐塔式光热电站。

每一面定日镜，除了要求超高的反射率，还必须能经受风沙和冰雹的侵袭。生产车间里，机器人正在全力运作，它们此次的任务是 11000 面。

在敦煌光热电站的正对面，装机容量 100 兆瓦的二期工程正在建设中，面积达到 784 公顷，到 2018 年底，这里将建成年发电量达 3.5 亿度的巨型能源阵地。11000 面镜子，260 米高的吸热塔，这是敦煌的又一个地标。

4. 托卡马克

建造装置收集自然的能量，是当下寻求清洁能源最可行的途径。我们不遗余力地改进着它们的性能，只为让能源更清洁、更高效。

但科学家们并不满足，在他们的想象里，存在着某些属于未来的能源，找到它们，会颠覆当下人类对能源的认知。

科学家们的第一个目标是太阳。

太阳利用巨大的引力将氢原子聚合，放出巨大的热能。假如我们可以收集太阳一秒钟产生的能量，足够全人类使用数万年。

在地球上，科学家们能创造出一个“小太阳”吗？

20 世纪 50 年代，我们已经在地球上实现了核聚变。

1966 年 12 月 28 日，中国的第一枚氢弹试验成功，中国成为继美国、英国和苏联之后，第四个拥有氢弹的国家。

我们从氢弹核爆中感受到聚变爆发出的巨大能量，这种不可控的能量，让全人类感到恐惧。我们需要可控的核聚变。

太阳的温度高达几亿摄氏度。实现聚变首先要解决容器的问题。

这座由中国科学家建造的核聚变容器叫东方超环。它的原理来源于苏联科学家提出的托卡马克概念。

托卡马克在俄语中是由“环形”、“真空”、“磁”、“线圈”几个词组合而成。在圈状的环流器中，等离子体电流和环形线圈产生强磁场，将极高温等离子状态的聚变物质约束在环形容器里，实现聚变反应。在真正建造一座核聚变电站之前，中国的科学家们冲刺的目标，是在超导条件下维持聚变反应的温度和时间。

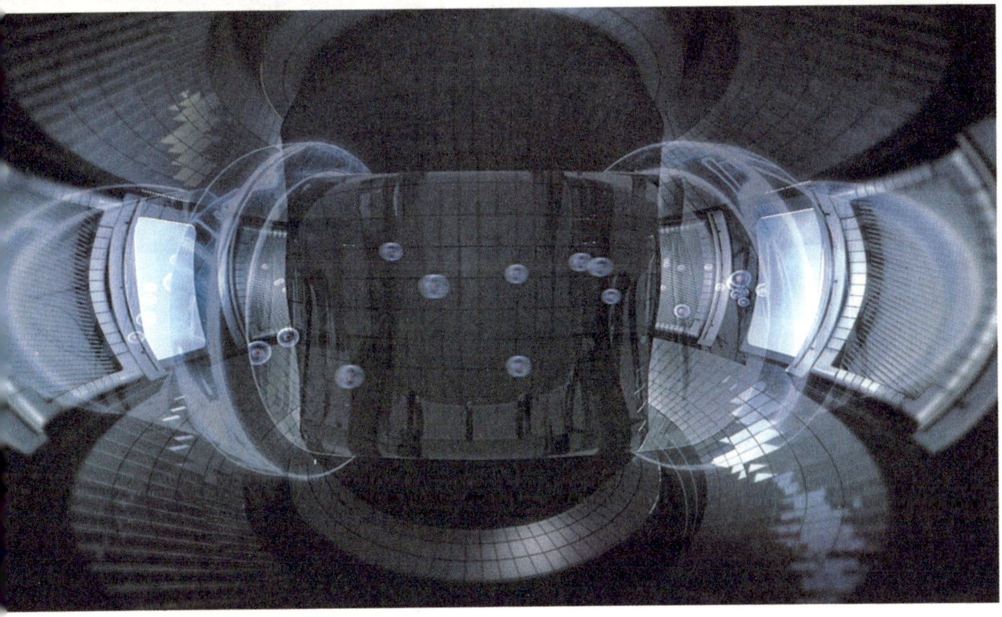

龚先祖（托卡马克装置试验运行总负责人）：

实验室里面产生的这种聚变能，它维持的时间非常之短，只能维持大概几秒钟，但最终要发电，要产生这个电站，肯定是连续运行的。

2017 年 7 月 5 日，龚先祖和同事们一起见证了最新的世界纪录：在 5000 万摄氏度的高温下，东方超环实现了 101.2 秒稳态长脉冲高约束等离子体运行。

试验期间，托卡马克装置每天要运行 80 到 100 次，因为极高的难度和试验成本，核聚变研究成为一个世界协作的课题，中国、美国、韩国、印度等 7 个国家一起，共同出资，共享技术，开展聚变装置研发。2025 年，由 7 个国家共同建设的第一座聚变反应堆将在法国建成。

尽管60年过去了，核聚变还没能发出一度电。但中国科学家们还是坚信，核聚变这个解决人类能源问题的终极方式，能够实现。

龚先祖：

你现在问，我们可能什么时候能够实现聚变，我们还是这句话，可能还是将近有30年到50年。那如果作为一个事业来说的话，它不是一代人、两代人能够完成的。

科学家们对核聚变充满信心，因为核聚变的原料——氢，广泛地存在于地球上的海水中。我们的家园，能量无处不在。在另一些科学家的眼里，能源的创新可以在最细微的地方。

5. 纳米能源

纳米是一种长度单位，1纳米相当于10个原子的长度。2012年，王中林成功地在纳米尺度下，通过摩擦，将机械能转化为电能。

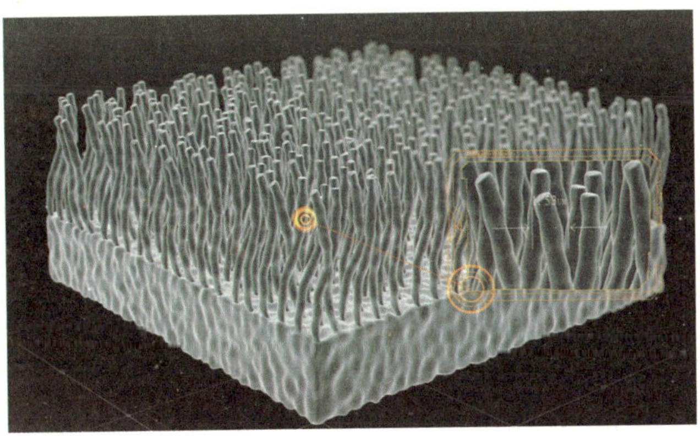

人类在日常的活动中，通过压力和摩擦，可以制造产生多处微小的能量。在

王中林的构想下，如果将这些能量通过纳米发电机收集起来，可以在一些特殊领域为自身提供能源供给。

王中林（中国科学院北京纳米能源与系统研究所所长）：

我们做的这个纳米能源和纳米发电机是新时代的能源。就是分布式、大范围、数目巨多，每个能耗极小的微能源。

北京纳米能源与系统研究所，王中林率领着六个部门，十几个课题组进行着纳米能源的开发。

王中林正在听取的，是两个重要领域研究员实验工作的阶段性汇报。

李舟，此前主攻的是医学，现在侧重纳米能源在医学领域的突破。许亮，是纳米蓝色海洋能源的研究员。

下月初，李舟要进行一次重要的实验，在此之前他需要做出新的纳米发电机。

李舟（中国科学院北京纳米能源与系统研究所研究员）：

第一步是我们把薄膜材料剪切到我们所需要的大小之后，然后用物理方法在表面刻蚀加工出纳米微结构来。

第二步是我们在表面处理完了之后的薄膜材料，我们在它的背面去镀上金属电极，制成金属电极能够感应我们纳米发电两层不同的薄膜材料在相互接触的时候，所感应出来的电荷。

最后一步是组装，将纳米材料连上电极并完成最后的封装。

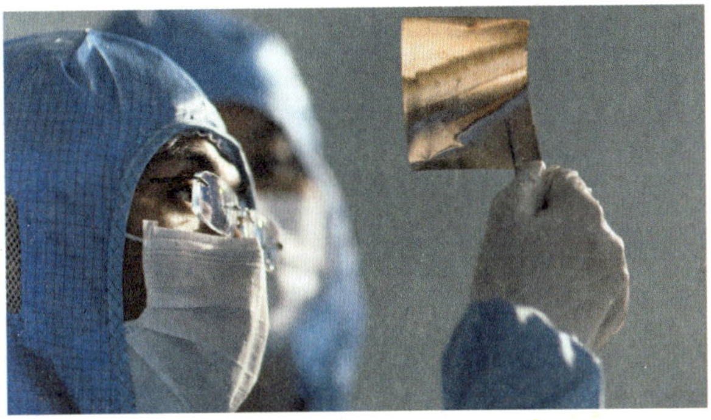

李舟要求这款纳米发电机能够在液体环境中工作。

李舟的实验地在上海长海医院，他将和胸外科主任医师张浩，共同完成世界上第一例，用纳米发电机作为心脏起搏器电源，放入大型哺乳动物体内的实验。

当今的心脏起搏器全部依靠锂电池供电，电池没电后，只能通过外科手术进行更换。这给患者带来了非常大的痛苦和经济负担。

张浩（上海长海医院胸外科主任医师）：

具体我们植入的时候，植入的方法就是正中开胸，然后显露心包，我们在心包上做一个小的切口，然后通过这个切口，把我们的这个摩擦纳米发电机植入到心包里面。

张浩进行手术操作的同时，李舟的团队要不断关注屏幕上的数据。他们首先要测算纳米发电机的输出功率以及带动心脏起搏器所需的能量。经过测试，李舟选择了 3 号纳米发电机，在使用起搏器之前，必须先植入发电机进行充电，这将耗费数个小时。

张浩团队用药物维持着实验动物的生命特征。理想情况下，可以坚持8个小时。

李舟：

你可以想，如果说一个心脏起搏器，或者说其他的电子器件，我一次植入到体内，我就永远不需要再更换了。这是一个非常非常大的进步。

在北京，研究员许亮正在推进王中林的另一个构想。他在制作一款球形摩擦纳米发电机。

许亮：（中国科学院北京纳米能源与系统研究所研究员）：

我们首先需要在球壳上先涂一层金属的涂层，那么第二步我们会在这个上面再涂上一层继电材料，然后将纳米颗粒掺入进去。

当我们把这个球壳制造好了之后，我们会把这个硅胶球，经过特殊处理放在里面，那么这样就支撑了一个球形的摩擦纳米发电机。

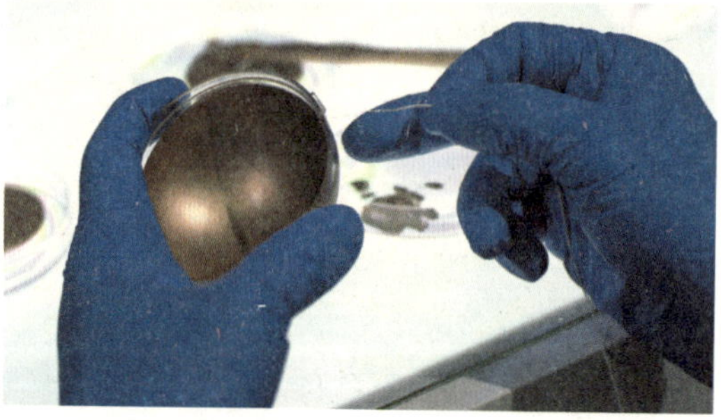

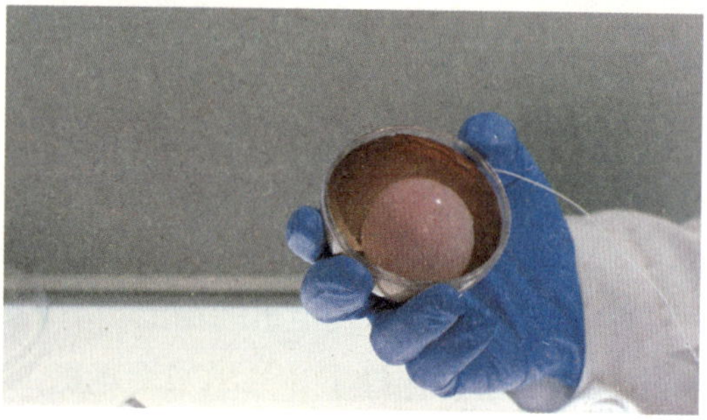

在电机上模拟波浪的运动，纳米发电机能够得到电流和电压的反应。许亮想知道它在真正波浪环境中的表现。

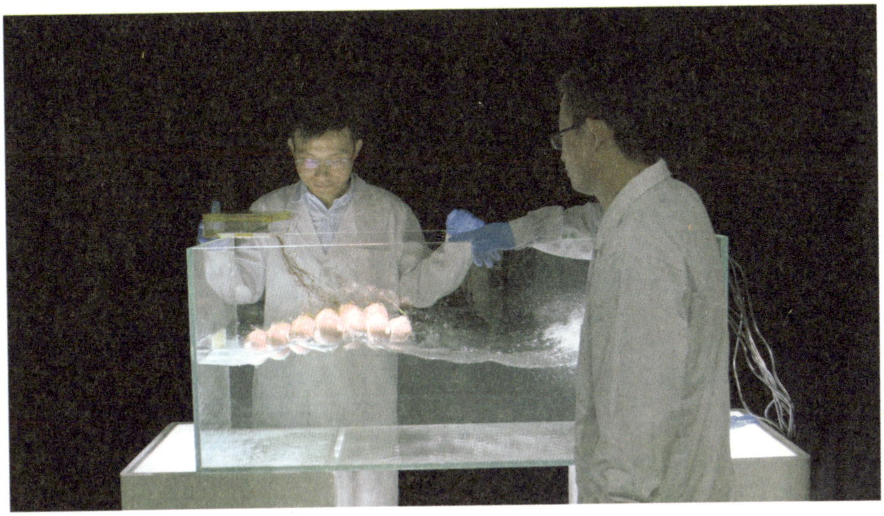

许亮：

现在我们单个球能够达到的峰值功率是一个毫瓦，如果成千上万个小球连接起来，这个输出的功率就非常可观了。

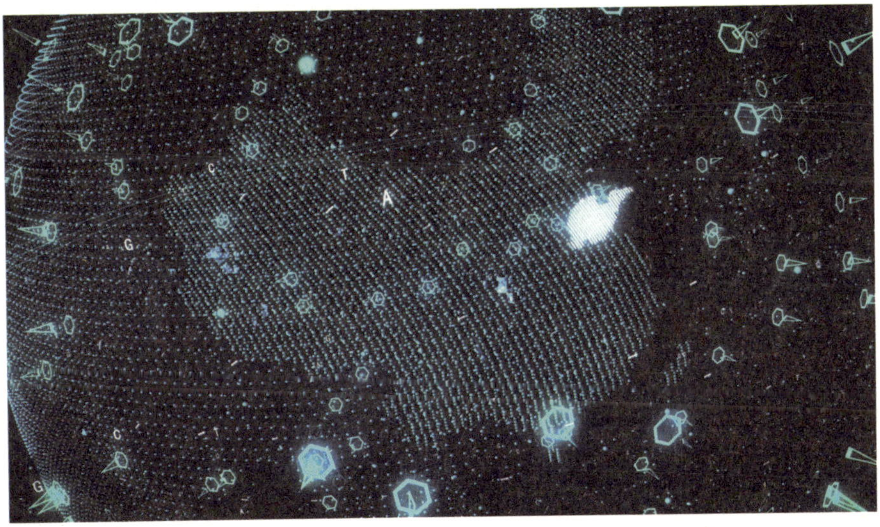

由 16 个纳米球连接起来的方阵，可以轻松地点亮一排小灯。根据测算，如果组成深度 10 米、面积有山东省大小的三维阵列，将能够发出满足当下地球人日常使用的所有能量。

王中林：

这就是我们从小能源走向大能源的一个梦想。那么这个如果说做成功的话，可以说在某种程度，能够改变我们过去获取能源的根本的途径。

科技创新正让更多类型的能源方案变得可行。

收割后的秸秆，可以经过发酵转化为天然气。

中石化用地沟油为原料制成航空燃油，并成功地实现了跨洋飞行。

在中国最年轻的国家级开发区，曾经开采石油的队伍，正在用地热能将雄安新区打造成一座无烟城。

新兴能源让我们看到一个充满想象力的未来，但在能源关乎国家安全的今天，中国当下使用的石油，依然有 65% 依赖进口，这是一个迫切需要改变的现状。

6. 煤转化

包信和（中国科学院院士）：

你比如说我们石油现在用得比较多的，一个是液体燃料，一个是化工产品，就是用煤来替代这个石油，实际上就是煤替代了一部分石油的本来的功能。

从衣服到高楼大厦，生活中的各个方面都离不开烯烃，它是化工领域非常基础的原料，大量的烯烃都来自石油。

包信和主攻的，是通过煤获得烯烃。虽然九十多年前，德国人就已经发明了煤制烯烃的传统路线，但过程中却伴随着大量耗水和排放二氧化碳。将近一百年来，国际化工界一直认为，传统路线不可取代。

从德国留学归来的包信和希望用催化的手段，找到一条完美的转化路线。

包信和：

现在我们要做的事情，就是要找一个催化剂，把我们需要的东西加快了，我们不需要的东西，把它降低了。

在实验室，制作催化剂是第一步。

第二步是进行反应物质的装填。

实验室反应的剂量是克级甚至毫克级的，材料需要装填进这些细小的管道中，温度、压强和剂量的细微差异，得出的是截然不同的产品。

最后一步，在高通量高压微反应系统中进行操作。

看似简单的三个步骤，操作起来是日复一日、不断变化的尝试。

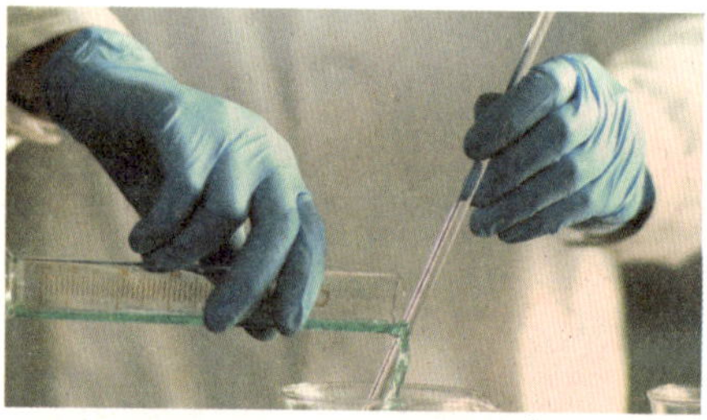

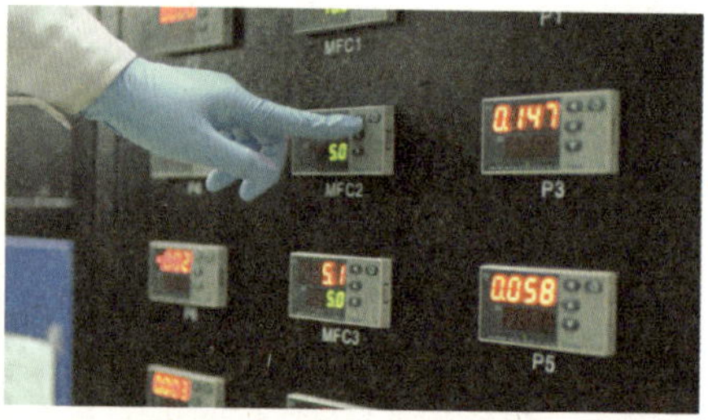

直到 2016 年，包信和团队从煤炭中得到了低碳烯烃，同时克服了传统路线耗水和排碳的缺陷。美国《科学》杂志称之为“里程碑式的重大突破”。

这项创新成果，包信和探索了将近十年。

包信和：

因为这个领域是很重要的，而且这是国家有需求的，而且我们也是花了力气在做的，那么我想，总归会有突破吧。

煤制烯烃项目一旦产业化，未来在工业上将具有极大的竞争力，它将缓解中国对石油进口的依赖。

7. 熊猫电站

直到现在，煤炭仍在为中国的经济列车输送动力。然而，山西省大同市，这座从北魏时期开始一直是中国重要煤炭基地的城市，正在逐步关闭五座大型煤矿，率先开始了能源转型。可再生能源取代传统化石能源，是全世界能源领域不可阻挡的趋势。

十几个世纪的煤炭开采，推动了大同的现代化发展，也留下了大片的煤炭采空区。

石鑫（招商新能源项目经理）：

沟壑纵横，然后高低不平，没有绿化，都是沙漠化的尘土，而且已经不适合人类的居住。

2015 年，石鑫和施工团队开始在采空区的废弃土地上，寻找适合架设光伏的区域。他们徒步走过了 6000 多平方公里，最终选定了 3700 平方公里的可用土地。

到 2017 年，大同市政府在采空区一共建成了 13 座电站，每年的发电量相当于 48 万吨煤炭。

这片曾经贡献了传统能源的土地，实现了植被修复，同时还产出了新的清洁能源。

两年前，国家能源局提出了“光伏领跑者计划”，大同成为中国首个领跑基地。

2017 年 8 月，联合国开发计划署在大同组织了一场青少年夏令营。

夏令营的场地，是同样位于大同，石鑫负责的一座明星电站。这座电站的灵感，来自中国最具国际声誉的吉祥物。从 500 米的空中，可以看出这座电站的奥秘。

石鑫：

我们这个熊猫电站，可以总结来说就是利用中美两国比较先进的组件，来拼凑成一个熊猫轮廓的造型，激发青少年对于绿色能源的兴趣和激情。

孩子们在这里的第一堂课，就是自己动手，组装一辆由太阳能驱动的赛车。在此后的 10 天里，孩子们将系统地参加有关能源和环境保护的 10 余场活动。

现在，这两只熊猫有了自己的名字，启启和点点，象征着绿色能源的启点。在未来，启启和点点每年将提供 1 亿多度的绿色电力，而熊猫夏令营也将作为全世界绿色能源的普及活动，每年举行。

在繁多的能源类型里，我们坚持寻找最合适的方法，与自然和谐共处。

也许人类永远无法一劳永逸地解决能源问题，但我们珍视在开发能源的道路上，每一次创新的构想，每一次创新的尝试，和每一次创新的体验，抱有创新精神，我们将继续拥有一个充满动力的未来。

第三集

制造

现代人的生活是“制造”出来的。从简单的制造到真正的“智”造，中国已经加入一场全新的赛道！机器、生产以及产品，一切都在被重新定义。传统制造业将走向何方？透过纷繁复杂、不断升级的技术和发明，我们开始学习如何把握制造前行的脉搏。在这一集，你不仅看得到世界上最薄的玻璃、最灵活的机械手臂，还有努力坚守与执着奋斗的精神！

第三集

当人类学会制造，一个新的世界便呼之欲出。

制造业每一次革新，都给我们的生活带来巨大变迁。

中国曾以惊人速度成长为制造业巨头，中国制造席卷全球。

当新一轮产业革命拉开帷幕，唯有创新，铸就强者，塑造未来。

1. 超薄玻璃

我们生活在一个玻璃的世界。

现在，玻璃的用途已经远远超过我们的预期。它越来越多地被用在手机、电视、电脑上，成为信息显示领域的新宠。

这种最关键的原材料，可不是普通的玻璃，而是一种更高端的制造成果。

它的厚度仅相当于两张 A4 纸；可以抖动、弯折，看上去和塑料薄膜没什么不同。

只有当它破碎的时候，人们才会意识到，这是一块超薄玻璃。

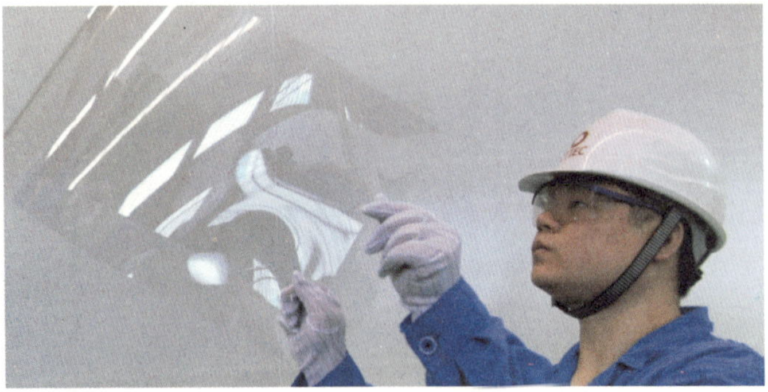

熔炉里，是熔化的玻璃液。1600 摄氏度的高温，足以把一个人在几秒内化为蒸汽。流动的玻璃液在拉边机的作用下，厚度慢慢变薄。但这远远达不到任红灿的要求。七年前，他和团队决定，淘汰落后产能，研制厚度仅有 0.15 毫米的高端超薄玻璃。

任红灿（信息显示材料高级工程师）：

过去做薄玻璃一直是国外垄断，我们一直是跟在欧美、日本后面跑，就是叫追赶型。

一直以来，中国缺少制造高品质玻璃的能力。一方面，低端玻璃产能过剩。如果生产线全开，一年的亏损能达到 62 亿元。另一方面，急需原料的国内消费电子厂家不得不依靠进口来维持生产。这不仅使厂家利润微薄，产品价格也居高不下。任红灿他们希望抓住机会，用超薄玻璃来打破僵局。

任红灿：

这几年的超薄玻璃的发展一直是在创新。每一个厚度都不是最薄的，就是因为现在人们生活需要的这些产品，它在轻薄化上，追求是无止境的。

这是一锅完全熔化的玻璃液，当它自然落下，厚度不会低于 6 毫米。普通的制造只能将玻璃液拉薄三分之二，但只要跨过这个极限，每减薄 0.01 毫米都会带来巨大的挑战。

首先要跨越的障碍是原料配方。

把玻璃拉薄，需要加入一种特殊的金属氧化物，来提高熔液的延展性。但如果添加过多，产品又会变得易碎。

到底添加多少合适呢？研究人员只能不断地去寻找、去测试。

甘治平（超薄玻璃研究专家）：

通常一天我们也就只能做一到两组这样的尝试，完了之后一年左右的时间，我们才能够拿到相对比较可靠的一些数据。

原料问题解决，但在生产中，废品率却居高不下。

随着玻璃液向前流动，温度会急速降低近 1000 摄氏度。与此同时，因为受热不均，同一水平线上的玻璃液会出现温度差异。在这种情况下，玻璃很难拉边成型，无法保证稳定地批量生产。任红灿意识到，需要寻找一种更精细的加工工艺。

任红灿：

我们就提了一个叫空间立体网格化的加热，举个例子就等于是把这个空间从上到下给它分成了一块一块的格子。

40 个用于调整温度的电耦被安装进锡槽，这是精确计算的结果。每一个点都对玻璃液进行立体交叉控制，让温度均匀降低。终于，在合适的温度下，玻璃液被平整摊薄。

2011 年开始，玻璃制造者们一次次突破极限，从 2 毫米，到 0.55 毫米，再到 0.28 毫米……5 年后，终于突破了 0.15 毫米的极限。20 多条生产线随后建立，这将为下游产业降低 860 亿元的成本。而对于中国的

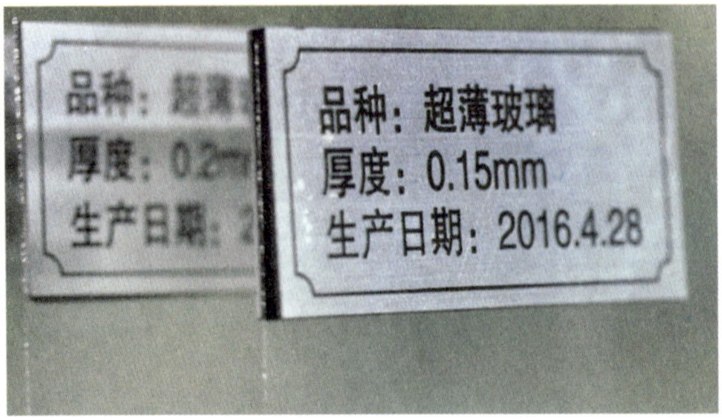

消费者，曾经售价上万的液晶电视，现在三四千就能购得；原本五六千的智能手机，如今一两千也能买到。市场告诉人们，中国的玻璃行业已经华丽转身。

不仅是玻璃行业，在过去的几十年里，中国的制造业迅猛发展，但低质廉价的竞争模式已经走到尽头。未来，总是掌握在拥有核心技术的人手里。

2. 臂架泵车

7节特种钢制造的手臂逐一展开，最后臂展长度达到86米，这是世界最长的臂架泵车，属于中国的一家民营企业。

从2007年到今天，从66米到72米再到86米，世界纪录一直由他们保持。

臂架泵车，通过长达几十米的臂架，能把水泥泵送到较为准确的位置，是机械工程行业中的高端设备。

向文波，几十年的职业生涯中，他的人生曲线几乎和中国经济的走向完全重合。

在这道曲线上，曾有过一个关键性的转折点。

20世纪90年代，臂架泵车还是被国外垄断的技术。

臂架是制造臂架泵车的关键。要伸到几十米的高度，还要承受泵送时的巨大压力，制作臂架的钢板强度必须要高于600兆帕。但当时能提供这种材料的只有国外的钢厂。

不愿受人钳制，这家企业研发出一种特殊工艺，极大地提高了国产钢板的强度。

向文波（企业家）：

如果没有这项技术，那么作为三一重工来讲，只是全球产业链上的一个搬运工。

创新就是要搞出一些以前没有的，以前不敢做的，以前没人做的事情。

改造后的钢板能承受1000兆帕的压力，也就是在一块指甲盖上站一头大象的力量。在这样的强度下，一切都改变了。

2011年，他们接手了一个重大挑战。

这一年，日本福岛核电站发生泄漏，急需给反应堆泵水降温，但在日本没有设备能达到这个高度。

中国的这家企业收到支援请求，派出一辆62米的臂架泵车，前往现场救援。

向文波：

现在我们走到日本去，你只要说你是三一的，那全体国民都知道，他们给我们的泵车起了一个名字叫“长颈鹿”，说“长颈鹿”救了他们的命，他们都会讲感谢救命之恩。

接下来，这个中国品牌也迎来了自己的巅峰时期。它出现在越来越多的工程中，其中，混凝土机械的市场占有率全球第一。那时候没人会预料到，寒冬即将来临。

2012 年，在全球经济下行的影响下，中国工程机械行业进入寒冬。仅仅是混凝土机械，销量就从之前的 300 多亿元骤降到仅剩三分之一。

在寒冬中，拯救他们的并不是转向别的行业，而是依靠过去几十年积累的核心技术，开发了新的更具有竞争力的产品。

向文波：

我们泵车这个技术做了一些改进，就变成了世界上首创的高层消防的设备。因为过去的消防车都是直臂的，消防救援的现场它是很复杂的，需要有越过障碍的能力，所以现在变成了我们一个很有竞争力的产品。实际上就是我们建立在自己核心技术上的一种非常自然的产业延伸。

在极速变幻的世界，没人知道接下来会面对什么。几十年的沉浮告诉中国的企业家们，核心技术是唯一能抓住的砝码。

如今，更多这样的中国企业开始扬名世界。船舶、桥梁、核电，中国制造在全世界有了立足之地。而高铁，不仅改变我们的出行方式，更在全球范围内，制定了中国标准。

但人们没有就此止步，此时的成都，工程师们正准备用磁悬浮列车，来改变世界轨道交通的未来。

3. 磁悬浮和轨道交通

西南交通大学牵引动力国家重点实验室，邓自刚做了一个“玩具”。

花费半年多时间，数十万元人民币做成的这个“玩具”，是为了更直观地演示，未来的高温超导磁悬浮列车究竟是怎么一回事。

邓自刚（西南交通大学副教授）：

这个模型最大的一个特点就是，可以实现360度的自稳定的悬浮。所以我们才会看到这个车子，一会儿悬浮在这个轨道的上面，一会儿又悬挂在轨道的下面。

同极相对的两块磁铁互相排斥，磁悬浮列车最基本的原理就这么简单。悬浮起来后，列车与轨道脱离接触，摩擦力降低为零，理论上，“飞行”速度将超过每小时 500 公里。

这是轨道交通一直追求的速度。但是，应用比理论要复杂太多。

上海，世界第一条商业运营的高速磁悬浮专线已经运行了 15 年。但今天，人们并不打算继续发展这项德国人的技术。更加快速、高效、节能，超导技术的突破性进展，使磁悬浮技术前景变得光明。

注入零下 196 摄氏度的液氮，特殊材料制成的小车，瞬间变成了超导体。放置在由磁性材料制成的环形轨道上，便可以实现无源的自稳定悬浮。

邓自刚：

整个悬浮，我们不需要通电。大家也看到，我们只需要在里面注入我们的液氮。未来的话，我们投入应用的高温超导磁悬浮列车的原理，和我们莫比乌斯带这个小模型，是完全一模一样的。

但邓自刚并不满足于此。在项目名称里，他又加上了“真空管道”四个字。也就是说，把高温超导磁悬浮列车，装进真空管道里运行，进一步减少空气阻力。

邓自刚的目标速度是每小时1000公里。而且，他知道，国际同行们也在争先恐后。

邓自刚：

像日本，正在做低温超导磁悬浮列车的商业运行线，他们称为磁悬浮高铁。美国在做超级高铁，速度是瞄准超过每小时1000公里的高铁。

但邓自刚相信，更多的技术创新，一定可以让中国制造在世界轨道交通的未来，再次走在前列。

4. C919 大飞机

2017 年 5 月 5 日下午，上海浦东机场，旅客们不知道，在不远的跑道上，即将迎来一个历史性的时刻。

马上要起飞的是 C919，中国第一架国产大型客机。这是期盼已久的一个梦想，为此我们已经等待了很多年。

国际制造业的高精尖领域，特别是航空运输市场一直是中国人的痛点。因为没有大型客机，相比拥有这项技术的国家，我们每买一架飞机都要多花 2000 万美元。这意味着在未来 20 年里，中国将额外花费 1200 亿美元。

C919 并不是第一次尝试。1970 年，中国第一次立项制造大型喷气式客机，代号“运十”。孟见新有幸参与了这次尝试。在试飞成功后的第 6 年，因为种种原因，项目终止了。

人们并没有放弃，20 年后，孟见新和他的同事们再次出发，但这一次，他们却遭到了质疑。

孟见新（C919 飞机总装中心副主任）：

也有很多身边的朋友问我，现在你看你飞机上面很多的机载设备，主要的材料、发动机都是从国外买过来的。

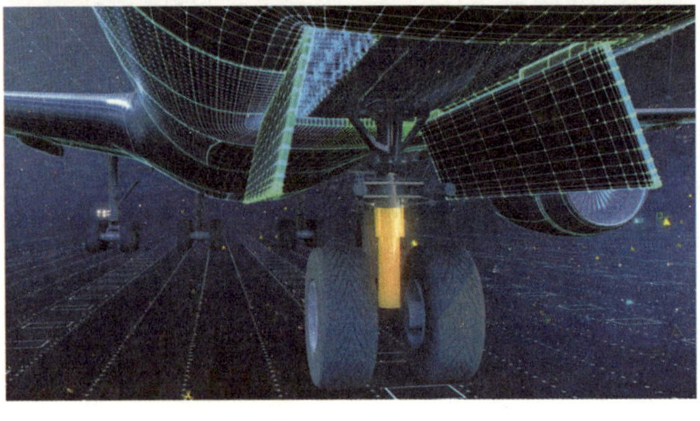

刚开始制造时，国产率被谨慎地定到 10%，不同于其他工业产品，大飞机的制造极端复杂。

从结构上来讲，在大飞机的十大部位上，每个地方都涉及超过 10 个以上的系统，多达几十万个零部件。一个占飞机体积不到五百分之一的起落架，集成了包括液压、控制、电气、减震在内的 13 个系统、180 个大部件。仅仅是把起落架安装到飞机上，就需要 6 个人，超过 8 小时，协同工作。

但这样复杂的结构，完全由中国自主设计，更重要的是，要想让大飞机走上世界舞台，每一个部件都需要达到国际上普遍承认的安全标准，也就是说要拿到欧美民用航空的适航认证。

孟见新：

它为什么要制定得那么严？因为它是经过几十年的血的教训才换过来的。比如说我国内质量也是很好，但是没有经过民用适航标准认证，我一个铆钉都不可以用上去。

孟见新正在调试一种新的切割片，用金刚石做成的刃部是用来切割新型碳纤维材料的。

这是一种轻重量、高强度的复合材料，西方航空工业用了近 50 年，才将它的加工技术成熟运用。而中国仅仅用了一半的时间，就首次突破碳纤维大型成型技术，并且将它运用到了 C919 的机翼上。

每一点细微的改变其实都会牵动整体布局。在大飞机的制造过程中，必须不断地迭代和更新。

10 年之后，最初预定的 10% 国产率的目标已经远远超出。现在，人们准备用 50% 的国产率去取得国际适航证，因为在这 10 年中，大量航空

企业随着大飞机一起成长。

孟见新：

有的时候想想也是无法忍受，但是我们回过头来看，我们所有的付出都非常的值得，能够参加到这样一个项目，只有在这样一个国家强大的情况下才能做这样一款飞机。

2017年5月5日，中国第一架国产大飞机首飞成功。

截至2017年10月，C919已经获得了全球24家用户的730架订单。中国终于在这个长期被极少数国家垄断的领域中，撕开了一条口子，并且推动了上下游242家企业的群体性技术突破。

努力并没有就此止步。

在航空领域，还有更多的世界级难题等待人们去挑战。

5. 涡轮叶片

这是迄今为止人类历史上最复杂的工程机械系统之一。中国希望成为继美国和英国之后，第三个能占据民用航空发动机主要市场的国家，虽然这一天，还没有到来。

科学家们决定先制造当今世界上最高效的发动机叶片，而它就藏在一个毫不起眼的实验室里。

杨锐正在跟他的团队确认下一个工期节点。在 2018 年，他们要交付 100 多件低压涡轮发动机叶片，而他们的客户，是全球排名前三的航空发动机巨头——英国罗罗公司。

杨锐（中国科学院金属研究所所长）：

2006 年，一个英国的教授给我打电话，说 2006 年 7 月份英国罗罗公司宣布，准备给空客新的 350 飞机做发动机，而在这个发动机里边准备采用钛铝叶片，现正在全世界找谁能做这个叶片。

钛铝合金正在成为发动机叶片的未来，这种新材料拥有同样的强度和稳定性，密度却只有传统的镍基合金的一半，能提高 20% 的燃油效率，因此成为发动机制造商疯狂追逐的对象。罗罗公司也不例外。但为了降低成本，他们提出了更高的要求，这样的叶片只能一体成型。

一体成型的制造过程类似蒸蛋，需要把液体装入容器定形。只是对于钛铝合金来说，要找到一个合适的“碗”，困难重重。

杨锐：

我们当时没有信这个模拟的理论，如果信那个别做了，当时我们就是迎难而上，计算模拟就那么准吗？要创新，一定要颠覆以前的观念，要敢于挑战。钛的化学活性太强，它几乎跟所有的金属和所有的陶瓷反应，实际上只有三种陶瓷材料不和钛反应，一种是氧化钍，但是钍有放射性，不能用。第二种是氧化钙，但是氧化钙吸潮，不能保存，也不能用，那么就是最后一种，氧化钇。

这是唯一又最具挑战的选择。用氧化钇做成的容器表面是粉末状的，很容易脱落、掉渣，污染钛铝熔液，造成叶片精度不够。

德国科学家甚至通过计算模拟，断定长于 200 毫米的叶片不可能一体成型。但杨锐团队没有迷信理论。

几位不同领域的科学家在一起，花了整整 10 年时间，才调制出了一种特殊的黏结剂，它让氧化钇不再掉渣，终于解决了叶片容器问题。

跨学科合作的力量势如破竹，铸造的密码被一一破解。世界上第一个一体成型的钛铝合金涡轮叶片，就在这个普普通通的实验室诞生了。

这样的叶片，将被罗罗公司搭载在世界最高效的发动机上。杨锐相信在不远的将来，它一定会为中国人自己的航空发动机提供保障。

6. 高端机床

大树是珠宝设计师。创作了超过500件作品，他却一直被一个看似简单的问题困扰着。

大树（珠宝设计师）：

好像那个龙凤戒指似的，每个拐角的弧度是做不了那么细致跟标准化的，有手工感但它真的不是一个很绝对的完美或绝对的标准化的这么一个产品。

大树的问题其实很好解决，一台精密的珠宝机床，就能帮他实现设计理念。

张文甲，机床工程师，专攻珠宝机床的设计制造。

但多年来，他一直没能满足大树这样的设计师的愿望。

张文甲（机床工程师）：

这部分对中国的技术还是封锁的，高精尖的设备也不会在中国展出。

高端机床，被称作机械制造业的“母机”，只有少数发达国家掌握了核心技术。哪怕是给珠宝设计者使用，都被设置了保护和壁垒。

因为，高端机床能够制造全球一切重要产品的零件，大到火车飞机，小到电脑手表。而能加工复杂曲面的五轴联动机床，更是决定了制造业能走多远。

现在，张文甲的同事，黄云鹰团队，准备自己培育出这棵高端制造业的幼苗。

五轴联动机床的关键在数字控制系统的底层，它决定了一台机床能否思考。

工程人员形象地把这个底层比喻为“土壤”，只有掌握了它的成分，才能孕育出五轴联动机床的“幼苗”。但这个“土壤”的成分配方却掌握在西方企业手里。

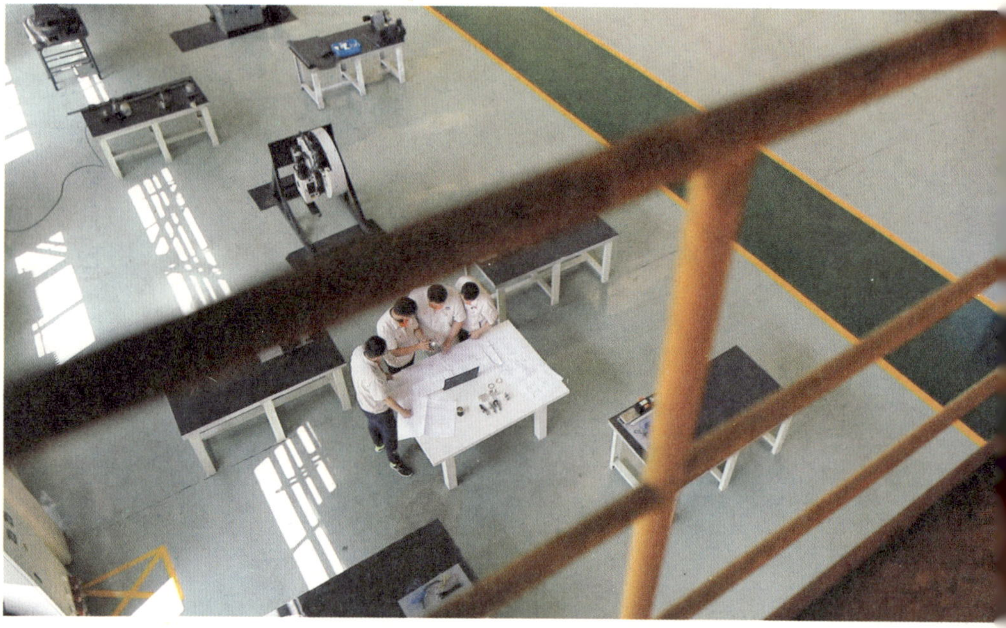

那么，黄云鹰团队还有其他选择吗？

从第三次工业革命爆发至今，信息和软件技术已经趋于成熟，这给了工程师们机会，他们决定抛开国外的经验，在全新的平台上搭建自己的五轴数控系统。既然没有“土壤”，那就用“营养液”栽培。

想法虽然很美好，但从来没有人实现过。

从2008年到2010年，黄云鹰团队终于把控制系统的“营养液”调制了出来。随后的五年里，再一步步通关，不断进行完善。

2015年，中国自己的五轴数控机床正式推出。这已经是它的第1917个版本。

它的控制精度能达到3个微米，也就是说误差范围小于一根头发丝的五分之一。

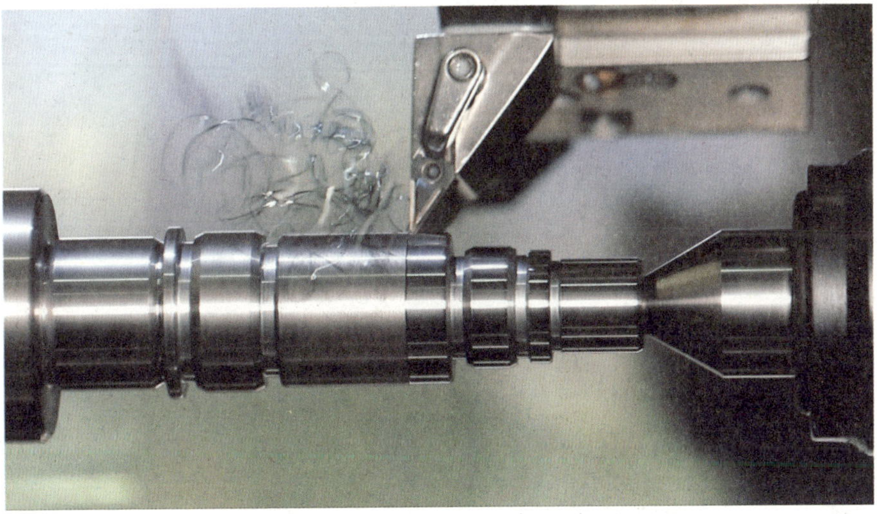

另外一边，张文甲的工作在 2015 年之后终于出现了转机。有了五轴联动机床，珠宝机床的研制就顺利多了。

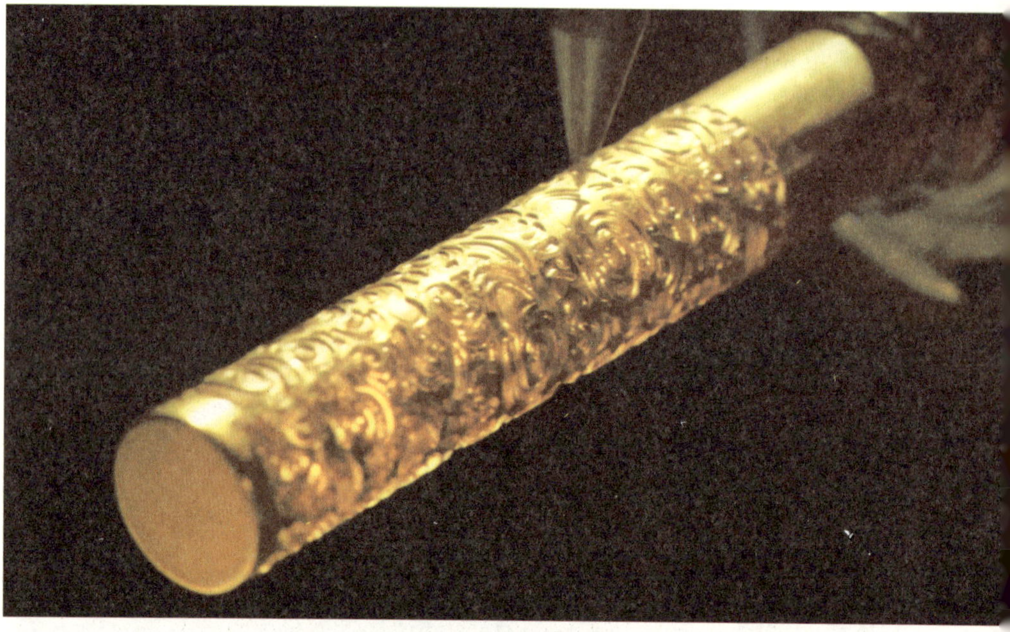

做了若干调整之后，这台珠宝机床的表现让人惊艳。

0.3 毫米厚的生鸡蛋蛋壳上，机床的刀具轻松自如，刻下了 4 个复杂的汉字——“创新中国”。

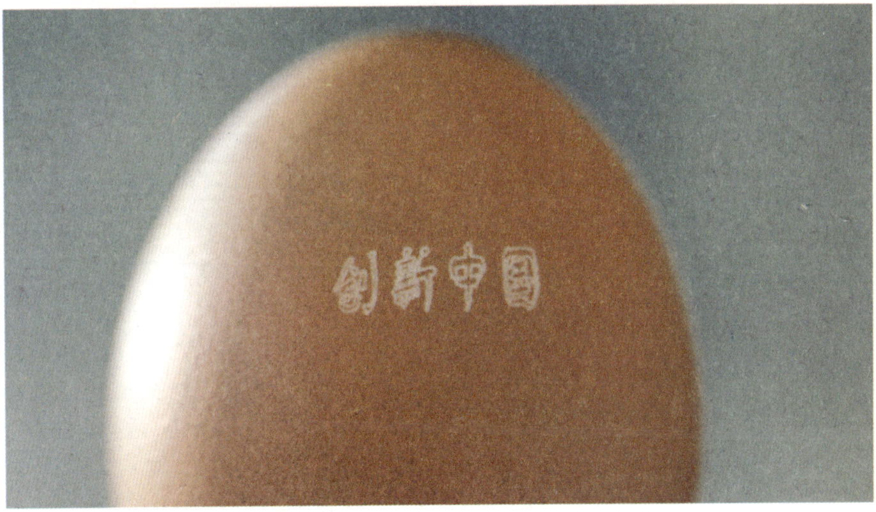

这台五轴联动机床很快进入了大树的视野。经过仔细地编程调试后，一对完美对称的圆角，被缓缓雕琢出来。

7. 装配式建筑

先进制造业带给我们的惊喜和改变，正在不断上演。

建筑，这个曾经消耗太多产能的行业，也开始和新型制造业接轨。

韩学惜，房屋公司的项目负责人。今天，他主管的第8个工程正在施工。

习惯了传统建筑的人会发现，这是一个不可思议的项目。

韩学惜（卢河小学项目负责人）：

我们将在这里建起一座卢河小学，小学共1496平方米，分三层，我们将用搭积木的形式完成这个项目。基础完工之后，我们将进行重钢的结构吊装，然后进行吊装预制好的轻钢墙体，做外装，最后做屋面工程，这样这个工程就结束了。

传统盖房子，所有步骤几乎都在工地上进行，不仅浪费巨大，而且污染环境。但这种新型的装配式建筑不一样，它借鉴了制造业的手段。房子的每一个部件都严格按照要求，在流水线上生产，这让材料的损耗率不到3%。在工地上，对水电的需求也大大降低，只要几把电钻和电焊，建筑就能拔地而起。

但这样的房屋安全吗？

重庆，刘立平教授正在对这种用新方法搭建的房子进行抗震试验。

高达 8 级的地震释放出的能量，相当于 1500 万吨 TNT 炸药的威力。这样的新式建筑，能否承受呢？

刘立平（重庆大学教授）：

里面的各个型钢和它外面的木板，一起协同工作。在这种情况下，它实际上是一个墙体的抵抗地震作用效果。在我们这次试验里面，抗震性能表现还是比较好的。

而另外一边，卢河小学会在一个月内完工。这将节省 20 吨钢材、27.8 吨煤、240 吨水泥。数字看上去并不惊人，但中国已经规划，未来 10 年内，30% 的新增建筑都将使用装配式方法搭建。到那时，这些小小的数据，将为世界节省 12% 的资源消耗。

在这个激烈变化的时代，世界工业格局正在重新洗牌，基于互联网和人工智能的工业变革，让未来充满无限可能。

8. 智能制造

在离沈阳工业博物馆不远的地方，是一座机器人大本营。造型各异的机器人，可以陪伴孩子，守护老人，迎接宾客，或者管理智能家居。

而此时，孙若怀正在调试世界上灵活度最高的机械手臂。

孙若怀（软件工程师）：

它的灵感应该是来自于人手臂的这个动作。我们的双手手臂可以说是全世界最先进的这种结构。

手，是人类最灵巧的工具，它赋予我们创造一切的能力。制造者们希望，工业机器人能拥有手一样的特质，这样，整个生产过程会被更灵活地掌控，实现更加智能化的制造。

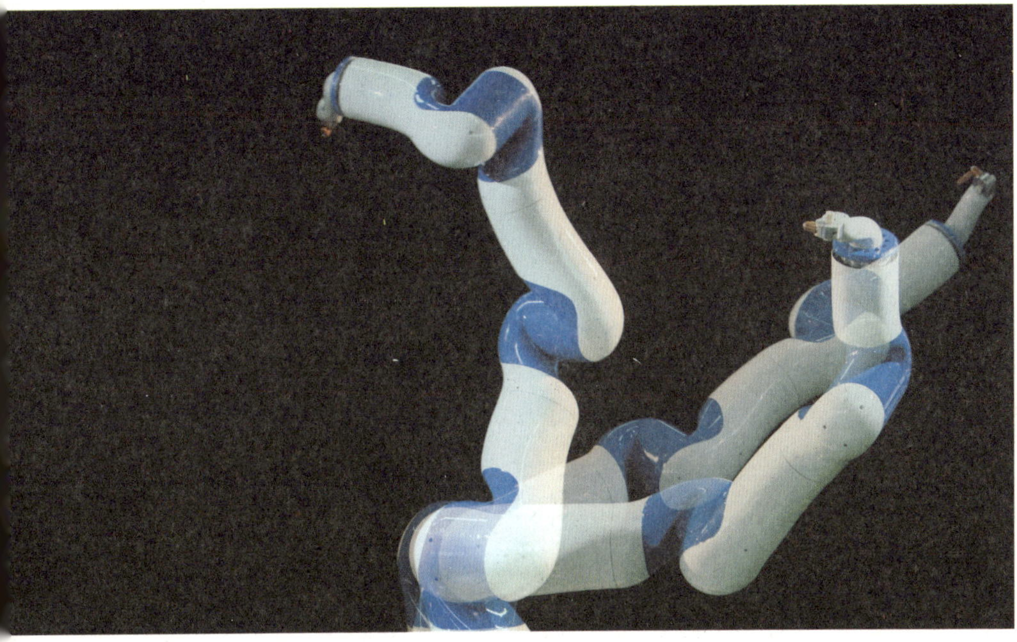

拥有七个自由度的机器人，已经能满足所有生产姿态的要求。但一个更重要的问题，让工程师们在它身上添加了一个全新的功能。

孙若怀：

如果我们试图以外力进行改变这种状态，机器人会灵敏地感知到这个突然的改变，它就会知道，有人碰了我，它就会停下来，来保证人体的安全。我只需要通过手稍微一碰，它就能停住。这个在传统方法上是很难实现的。

这个功能的启动，并没有通过传统的传感器。孙若怀他们独创了一种方法，通过电流的改变，让机器人自己意识到外力碰撞，从而停止工作。

这样灵活，可以安全人机协作的机器人，让柔性化、智能化的生产成为可能。

在不同的场景中，智能机器人长相各异，它们甚至比人类更聪明，而且不知疲倦。

上海洋山港，自动导引运输机器人正在运送集装箱，它的驾驶技术堪比老司机，误差保持在1厘米以内。

沈阳的工厂，智能仓库指挥着货物各就各位，轻松自如。人类要做

的只是轻轻按下一键。

芯片制造车间，洁净机器人比任何人都爱干净，在百万级清洁度的环境中，它们游刃有余。

和我们不同，机器人日夜不休、任劳任怨。

当然，工厂也会变得不一样。流水线上的产品不再一成不变，而是可以根据每个人的要求私人定制。现在，这样的个性化空调已经在山东胶州的车间里成为现实。

现实正变得越发不可思议，新型制造的未来，甚至可能改造我们的身体。

9. 3D 打印

关节，人体骨骼最精密的部分。如果这个部位有任何功能缺失，将给生活带来巨大的麻烦，尤其是全身负重最大的踝关节。骨科医生唐康来就面对着这样一个棘手的病人。

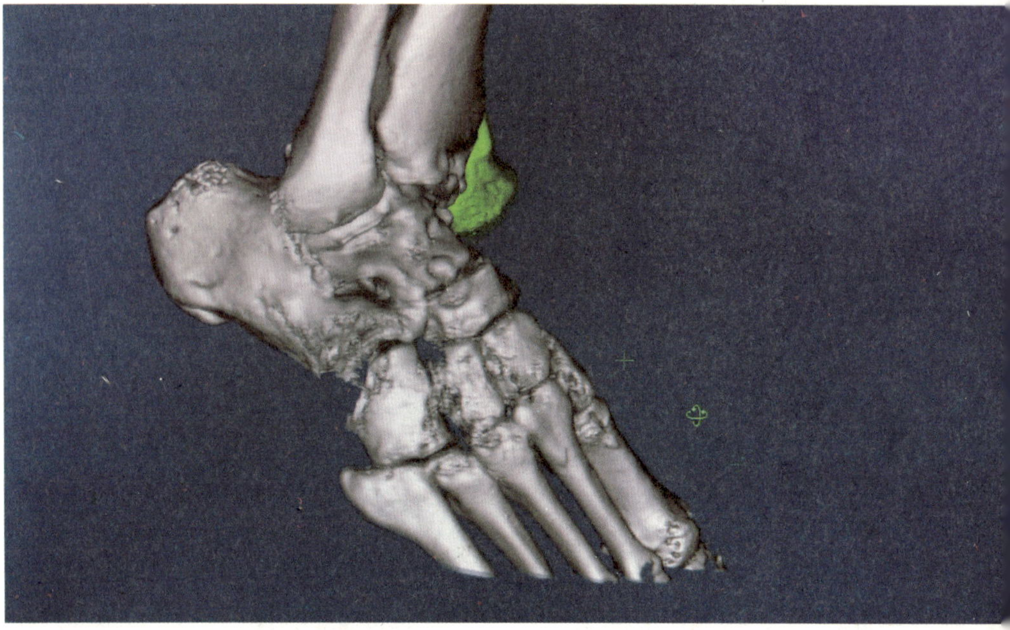

唐康来（第三军医大学西南医院主任医师）：

他是因为外伤，高处坠落引起的距骨骨折，很少人采取一些以前的所谓的置换、替代来解决，所以距骨塌陷坏死一直是我们骨科领域最难治疗的疾病之一。

踝关节距骨坏死，如果不截肢，只能选择移植。但多年来，没有一块人工距骨能让人们满意。

这块骨头看似平常，但形状复杂，不到 4 平方厘米的表面上，存在着多个曲面。最小凹槽的深度仅有两毫米。

这是人类数百万年进化的结果，即便用最精密的加工手段制造出的人工距骨，也只有承重功能，没有活动能力。

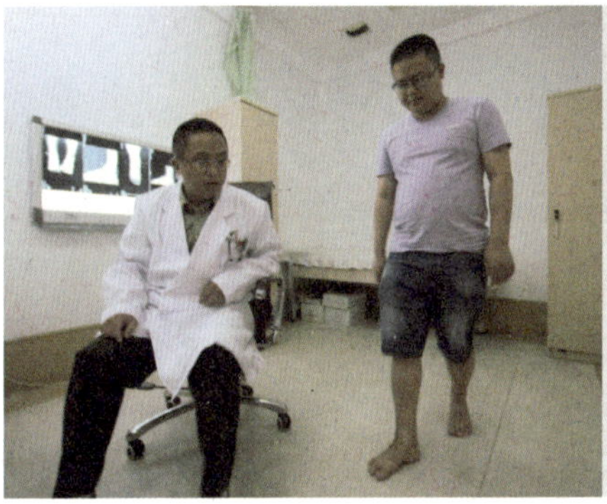

唐康来：

传统的用模型化制造的距骨假体，整个踝关节距下关节就不能活动了，他只能起一个支撑（作用），僵硬地走路。

一种颠覆性的制造方式，将改变患者的命运——3D 打印。

如果把传统制造比作在木头上进行雕刻，那么这种新技术就类似树木生长，通过成型装备，让材料逐层叠加。唐康来将创造性地运用这种技术，解决距骨移植的难题。

他们根据 CT 数据，在电脑上复原患者的缺失部位。利用聚氯乙烯材料打印出模型，讨论治疗方案。之后，就是人工距骨的打印。

钛合金粉末被一层层铺开，电子束按程序设定的路径进行扫描，熔化的粉末逐层叠加，凝固成型。9 小时后，一块为患者量身定制的人工距骨被制造出来。

看似平平无奇的矩形粉堆，在一阵强气流中，被吹出了一个全新的世界。

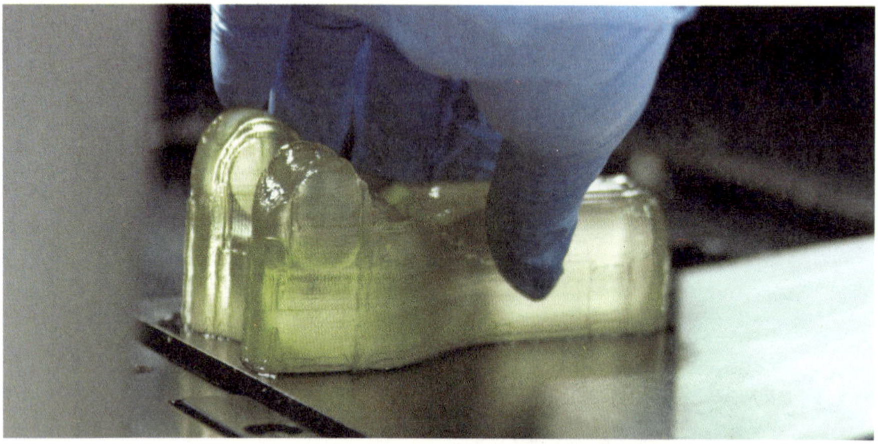

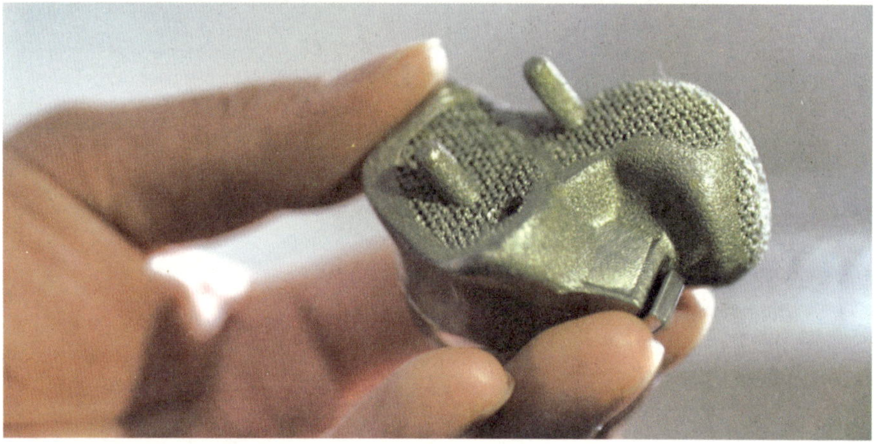

7 天之后，唐康来将这块人工距骨移植到患者脚上，完成了世界首例 3D 打印距骨植入手术。

再见到患者，已经是半年以后。他的踝关节正在恢复，可以开始正常活动。

从接手病例到完成植入物的制造，按照传统的加工方法，至少需要一个月时间。而 3D 打印让它在两周之内全部完成。更让人想不到的是，如此精妙的距骨，它的成本却只有传统制造的八分之一，为病人节省了大量费用。

人们对 3D 打印的展望远不止于此。将来，生物打印的人造组织，将有机会取代人体器官移植；一体成型的精密零件和纳米级别打印的微观物品，会颠覆人们对制造的定义。

短短十年间，中国的制造者正不断创造着新的可能，让曾经意味着低端廉价的“中国制造”蜕变成真正的具有实力和想象力的中国创造。他们的手中，一个新的时代正在产生。

未来的制造，又会变成什么样呢？

是形态功能各异的材料？

是变化多端的加工工艺？

还是更加高效节能的生产组织？

无论如何，我们所有关于未来生活场景的想象，将一步步由制造的产物来组装，来塑造。而这一切，正在发生。

第四集

生命

生命，有时候可以简化成一个化学公式。

人类正是在对生命的认知中，获得智慧和力量。在有限的地球上生存，如何攻克疾病、延长寿命？怎样收获更多的粮食、战胜饥饿？能不能创造出崭新的物种？中国科学家大胆探索、小心求证，创新在生命科学领域制造出一个又一个惊喜。

第四集

没有神话故事，没有宗教传说，生命有时可以简化成一个化学作用。

对科学家们来说，如果创造出必要条件，让特定的化学反应发生，生命就可以诞生。

实验室里，一株黄花蒿长大了。

它原本是一种常见的中药材，却在 21 世纪初，和一位中国科学家一起，成为全新的中国符号。

屠呦呦，从黄花蒿中提取出了有效成分青蒿素。

它成功压制了人类历史上最大规模的传染病之一——疟疾，挽救了数百万人的生命。

屠呦呦也因此成为第一个获得诺贝尔自然科学奖项的中国本土科学家。

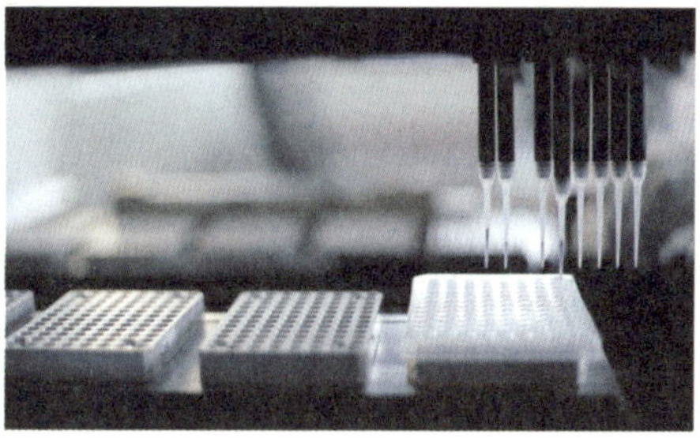

屠呦呦（2015 年诺贝尔生理学或医学奖获得者）：

青蒿素，中医药给世界的一份礼物。

一个在中国悄然勃兴的领域——生命科学，正在迅速吸引全世界的目光。

人们曾预测，21 世纪是生命科学的世纪。

在事关人类生存的问题上，生命科学带来的突破，可能比其他任何领域都更加令人惊喜。

死亡之症不断被攻克，生存质量将空前提高，返老还童似乎不再是天方夜谭。

我们制造着超级农作物，并将改变靠天吃饭的时代。

虽然这一切听上去还像是科幻小说的情节。

中国正在打开下一个技术时代的大门。

1. 蚊子工厂

在广州南部，每周两次，人们要大面积喷洒化学制剂，来消灭蚊子。

这是 2014 年广州大规模爆发登革热的后遗症。

蚊子是人类的头号杀手。每年，全球有 3.5 亿人感染蚊子传播的疾病，每 770 人中就有 1 人因此丧命。

登革热就是一种典型的蚊媒病。

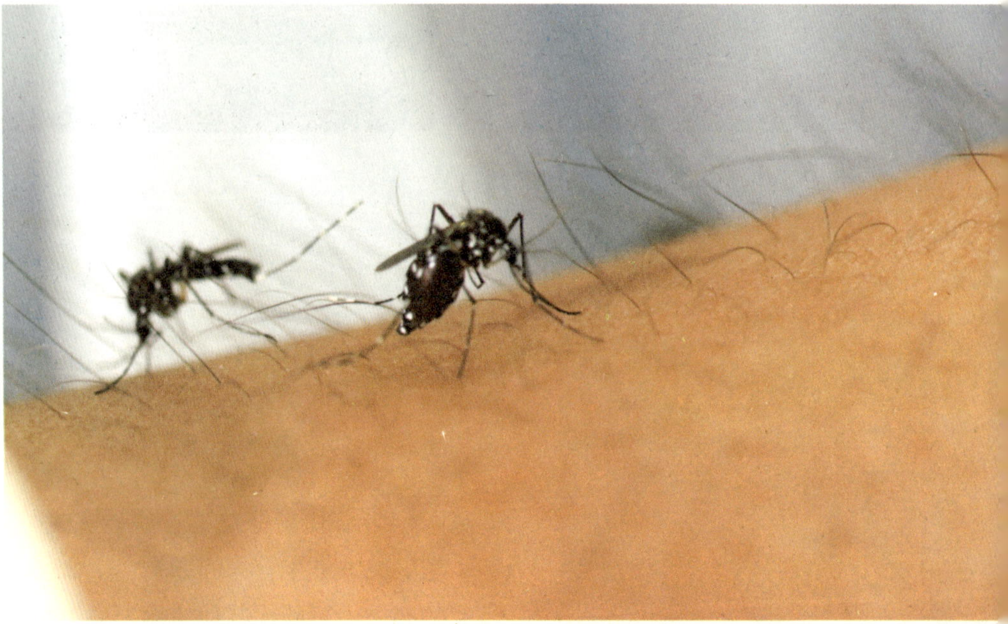

雌蚊吸食人血，因此传播疾病。

奚志勇的实验室里饲养着上千万只蚊子。

白纹伊蚊是他的研究重点。登革热病毒通过这种蚊子传播。

由于没有特效药和疫苗，控制登革热疫情主要靠灭蚊。

化学杀虫剂是最直接的灭蚊武器，但它会造成严重的环境污染。一段时间后，白纹伊蚊也进化出了抗药性，似乎什么都无法阻止这种杀人活武器的扩张。

而奚志勇提出了一个全新的思路，能否给蚊子打疫苗，不让登革热病毒进入蚊子体内呢？如果可以，这样的疫苗又会是什么呢？

在自然中，超过 70% 的昆虫身上都天然携带着一种共生细菌——沃尔巴克氏菌。大多数时候，它们与自己寄生的主人互利共生。

但如果将这种细菌转染到蚊子体内，它就能阻断登革热病毒的复制。

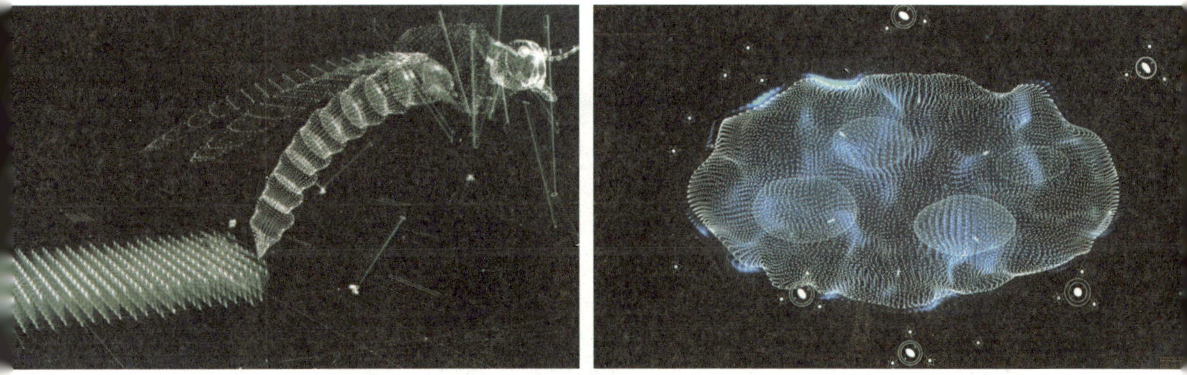

奚志勇（中山大学教授）：

就是生物它本身有好多自然的系统，在完成它做的很多合理的事情。其实这些事情是可以为我们人类的很多创新服务的。

但这还不是奚志勇发现的全部秘密。

感染上沃尔巴克氏菌的雄性白纹伊蚊，与野生雌蚊交配后，产下的虫卵不能孵化。

雌蚊一生可以多次产卵。如果雄蚊改造后与它们交配，一次就能减少 200—300 只蚊子出生。

这将大大提高灭蚊的效率。

奚志勇：

讲到这个东西，人家觉得你开玩笑，到中国来放蚊子，但是为什么这样不行呢？你不就是要让蚊子减少嘛，你既然通过这样的方法能达到，为什么它不能是个杀虫剂呢？

17 年前，奚志勇在美国攻读博士学位时，就试图建立蚊子与沃尔巴克氏菌的共生关系。但这种操作一直只存在于理论中，几十年来无人实现。奚志勇的实验也不断被叫停。

然而，奚志勇坚信已找到破局的关键。

在近乎一年的时间里，他耐心地打磨着一根比头发丝还细的石英针。

他要用这根针来改造长和宽都不足 1 毫米的蚊卵。

很多时候，我们大可将生命科学的研究者看成艺术工匠。

在显微镜下，奚志勇要从别的蚊卵中吸取出沃尔巴克氏菌，然后注射到目标蚊卵中。

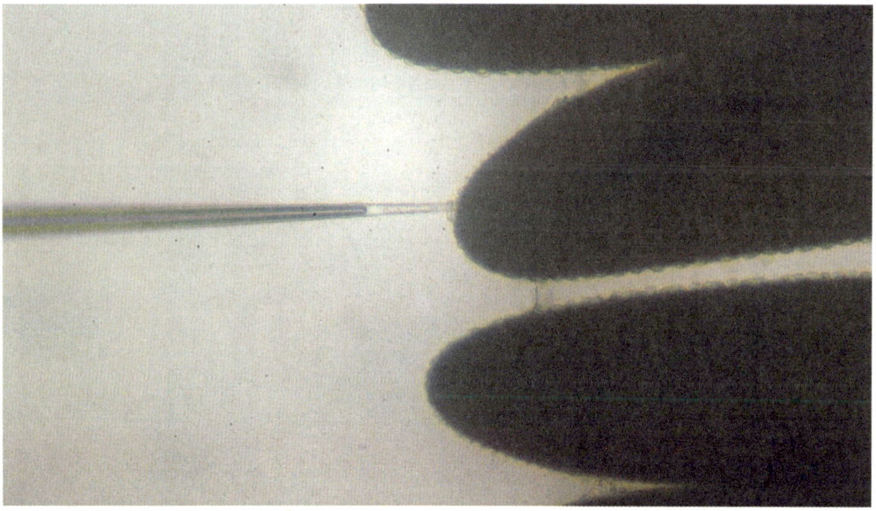

实验室的温度、虫卵的前期处理，注射的时间与部位，都需要精心计算。

任何细微的误差都会导致失败。

比如，蚊卵损坏；或者针尖折断。

折损上万根针，注射了十万个蚊卵。一只带有沃尔巴克氏菌的蚊子终于诞生了。它是由人建立的生命关系。

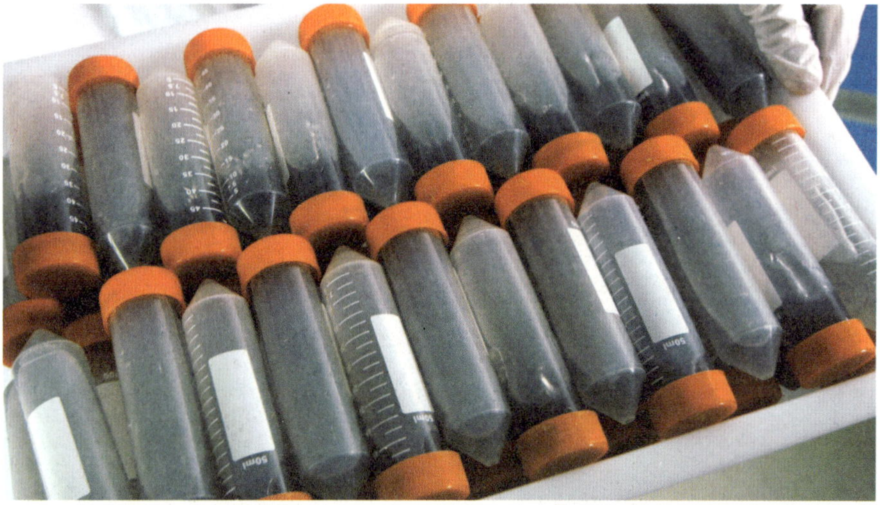

现在，奚志勇的实验室里孕育着全球最大的蚊子工厂。

这里拥有世界瞩目的胚胎注射技术，并大批量生产着携带沃尔巴克氏菌的蚊子。

它们的归宿是 50 公里外的沙仔岛。

整个沙仔岛共 3 平方公里，每周，岛上要被投放 2000 万只雄蚊。

实验进行了两年，现在，这里的蚊子总量仅为相邻区域蚊子总量的十分之一，远远低于登革热传播的标准。

前不久，世界卫生组织向全球发布了这项技术，为生活在登革热病毒流行区的 39 亿人输送了全新的疫病防治方案。

而这些诞生于中国广州的蚊子也将飞往更大的天地。

生命科学一直致力于解决人类生存的两个基本问题，除了对抗疾病，另一个就是寻找食物。在中国，后者也显得极其紧迫。

由于人多地少等现实问题的困扰，如何制造充足的食物来满足未来中国人的需求，科学家们不断利用生物技术创造着奇迹。

2. 渤海粮仓

六月初，一片小麦成熟了。

几千年来，这里的土地从未像现在这样，能够大面积种植粮食。

如果我们将视线向上抬升 200 米，就会发现，这片麦田别有洞天。

它们被一片海水蓄养的虾塘包围着。

这里曾是一片盐碱地。

欧阳竹（中国科学院地理科学与资源研究所研究员）：

原来这块地是晒盐的一片盐场，所以它土壤含盐量特别高。

海水的压力抬高了地下水位，土壤会将含盐量极高的地下水吸上地表，当地表的水分蒸发后，盐就留在了土壤里。

曾经，恶劣的土壤环境难以让粮食作物生长。

在中国，适合耕种的土地不到国土总面积的 13%。每年，中国的蔬菜粮食进口量相当于在国外种植了 6 亿亩耕地。确保充足的耕地已刻不容缓。

而改造盐碱地，就是其中的一张王牌。

20 世纪 80 年代，一大批来自不同学科的科研人员聚集在黄淮海平原上，欧阳竹就是其中一员。

历经 20 年，他们成功地改造了 3000 多万亩盐碱地。

这一奇迹被誉为中国农业的“两弹一星”。

但这场科技大会战遗留了一个历史难题。

这是滨海盐碱地的一角，也是一个生命的死角。

将含盐量极高的地下水抽取出来，是盐碱地改良的有效方式。

但在海边，这个方法行不通。

欧阳竹：

因为它有海水倒灌的影响，你把它降下去了，海水又倒灌进来了，它总是维持一个比较高的地下水位。

环渤海地区的5000亩盐碱地，如同一块巨大的海绵，为地下水提供了畅通无阻的上升通道。

这个问题将中国人困住了30年。

然而，200多公里外的一座工厂里，一个奇思妙想正在酝酿。

刘长生是欧阳竹的合作伙伴。

刘长生的团队正在制造改造盐碱地的秘密武器。

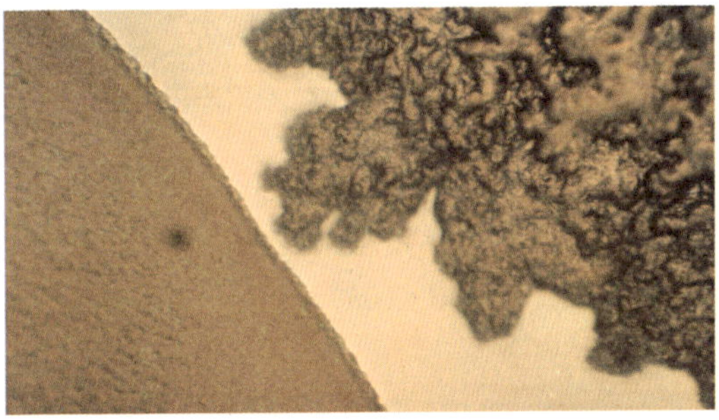

相比于三十年前庞大的物理工程，这次改造的工具却是一种人眼看不见的生命。

微生物，大小只能以微米计算。

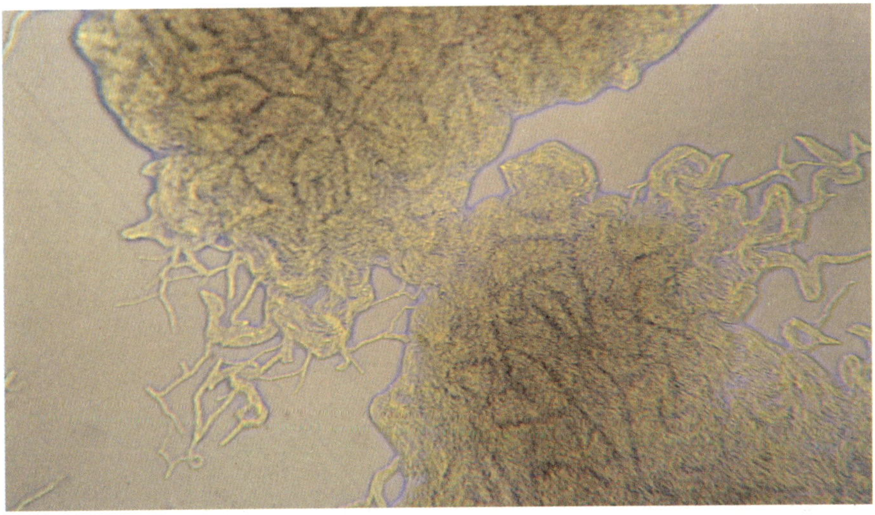

精心培育的微生物群，能在恶劣的盐碱地中存活下来。

在它们新陈代谢的过程中，多种土壤物质逐渐胶结在一起，形成团粒结构，切断了土壤中地下咸水的上升通道，为植物生长创造出最有利的空间。

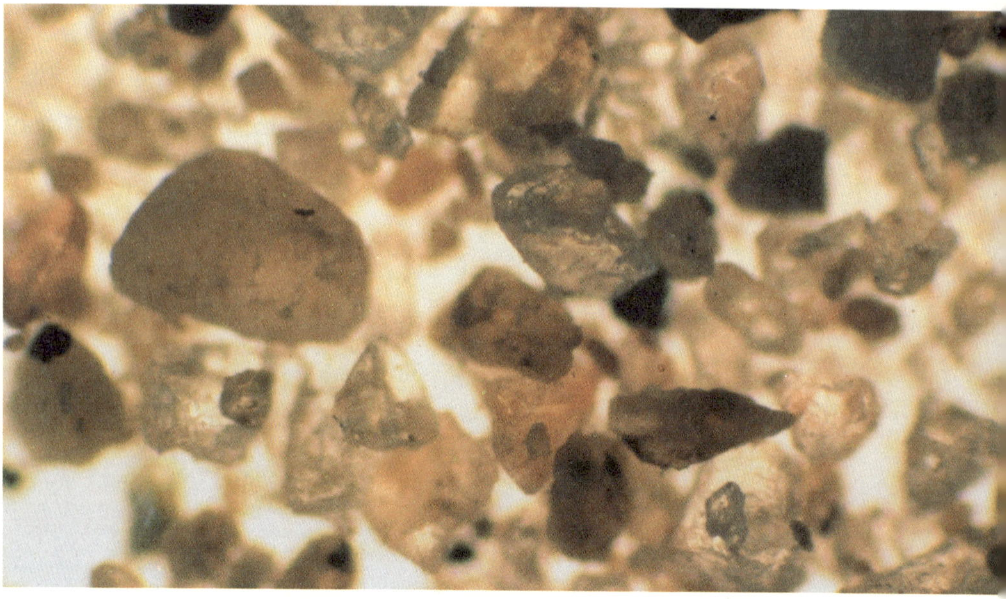

绝境之中，是生命创造了生命。

这个突破为中国人与土地的博弈增加了筹码。

渤海粮仓，目标是改造环渤海低平原地区的盐碱土地。

这是一项涉及 2.6 亿人口、跨越 30 年的大型农业科技工程。2020 年，渤海粮仓将贡献出 100 亿斤粮食，也将为全中国 2 亿亩具备农业发展潜力的盐碱土地带来宝贵的改造经验。

而土壤改良仅是它的冰山一角，从漫长的品种选育，到持续性的环境监控，任何一次创新，都凝聚着几代人的坚守和无数次的接力。

3. 植物工厂

有人埋首于荒漠之中，有人则将目光投向城市森林。

这是一座超级都市——北京。

现在，2300 万人口聚集在了这里。

如果按照每人每天消耗 1 公斤蔬菜来计算，北京每天的蔬菜消耗量将超过 2 万吨。

但在寸土寸金的都市，要大面积种植蔬菜是天方夜谭。

也许你会认为，现代交通的发达可以将物品随心所欲地运送到任何地方。然而，最新鲜的蔬菜经不起长途跋涉。

有没有一种天才的解决方案，能满足超大城市的蔬菜供应呢？

答案是肯定的。

这是一个蔬菜王国，万物生长却不靠太阳。

专业灯具为植物的光合作用提供着最需要的红蓝光。

精心配置的营养液让植物脱离了土壤，它们在垂直空间中生长，大大减少了占地面积。

周年不间断的种植方式，让这里的蔬菜产量最高可达到同等面积土培产量的 100 倍。

这项技术被称为“植物工厂”。

如今，它正逐渐从实验室走进人们的生活。

北京六环外，一个新型种植基地里，最新一茬奶油生菜已经成熟。

这里采用的就是植物工厂的水培技术。

通过智能管控，这种生菜从发苗到采摘，只需要 20 天。

3 个管理员就足够控制 200 平方米的工厂。

如同工业产品流水线生产，蔬菜在规定的时间内，实现了批量生产。

通过电商平台，人们可以方便地购买这些蔬菜。

在采摘后的 6 小时内，新鲜的蔬菜就会配送到居民家中。

未来，也许只需要几栋摩天大楼，就可以为一座人口超过 2000 万的超级都市提供充足的蔬菜供给。

而中国是世界上少数几个掌握这项技术的国家之一。

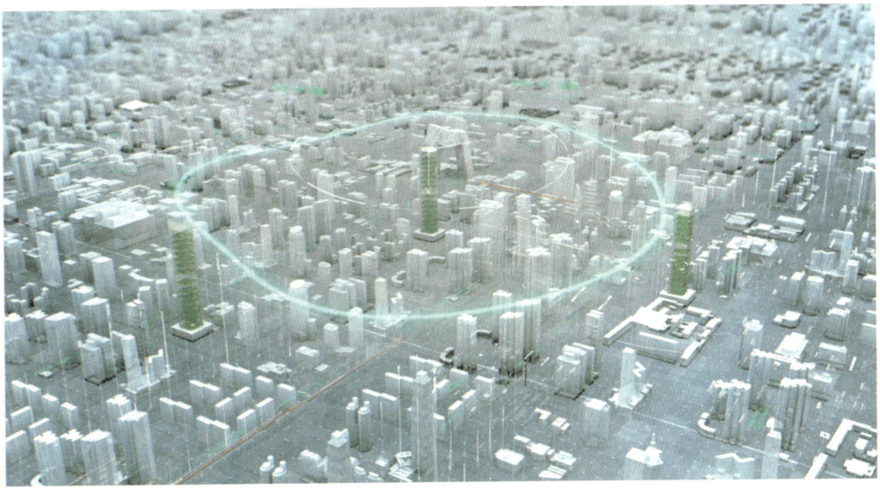

4. 基因技术

在一个生命科学高速发展的时期，中国显得极富天资。

这里拥有世界上最庞大的人口，覆盖几乎所有的自然带，蕴藏着丰富的物种，如同一笔巨大的财富，它们是未来的战略性资源。

深圳，大鹏新区，一栋大楼酝酿着勃勃野心。

它占地不到 12 万平方米，却试图容纳整个世界的物种。

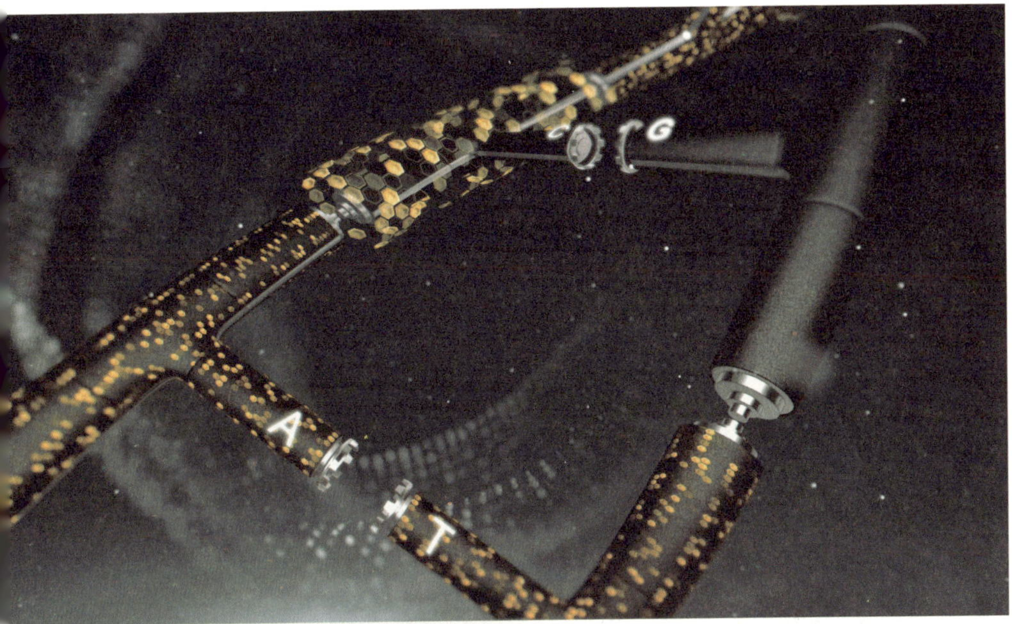

这个世界，存在于几个大型存储设备中，无数生命以数字形态获得了永生。

这里就是深圳国家基因库。

地球上几乎所有的生命都有基因，它们是带有遗传信息的 DNA 片段。

细胞深处的 DNA 呈现双螺旋结构。在它的两条长链上，碱基两两相对，数以亿计。但所有的碱基其实只有 4 种类型，科学家用四个字母标记它们：A、T、C、G。它们的排列记载着生命的全部秘密。

现在，一种神奇的翻译机，能将其中的秘密解读出来。

这就是基因测序仪。

从生物中提取出DNA，将它制作成一种生物芯片，放入测序仪中，如同读取一个U盘，测序仪将其中的信息翻译成四个字母排列的序列。

150台测序仪，24小时不间断运转，中国人打造出了全球最大的综合性基因库。

这些序列是生命的设计说明书，破译其中的规律，将帮助我们治疗重大疾病、复活灭绝的物种、制造超级农作物。

高彩霞（中国科学院遗传与发育生物学研究所研究员）：

我的梦想，或者我们所有人的梦想，就是说我们对基因进行操作的时候，能指哪儿打哪儿，我想做哪个基因，我就可以直接对这个基因的序列进行操作。

中国科学院一个实验室里，高彩霞密切关注着一株小麦。

她是植物育种的高手。

从前，育种专家们喜欢调侃自己是带着工资的农民，现在，他们更认同自己的身份是农作物设计师。

因为，他们操控着植物的基因，就如同进行服装设计。

无论款式与细节多么复杂多样，服装设计大多是靠剪裁与缝纫两个动作完成的。现在，同样的操作也发生在高彩霞的小麦中。

这是一株患白粉病的小麦。容易感染白粉病是小麦的特点之一。

植物种类繁多，性状不同，是由它们的基因组决定的。

小麦容易感染白粉病，就跟基因组里几个字母的排序有关。

如果能找到它们的位置，修改排列顺序，也许就能彻底解除小麦的患病威胁。

但她必须找到能在基因链条上进行修改的工具。

21 世纪初，一项颠覆性生物技术横空出世：科学家可以在 DNA 序列的特定位置上，剪开双链，然后敲除一个片段，或者插入另一个片段，从而改变生命。

这就是基因编辑技术。

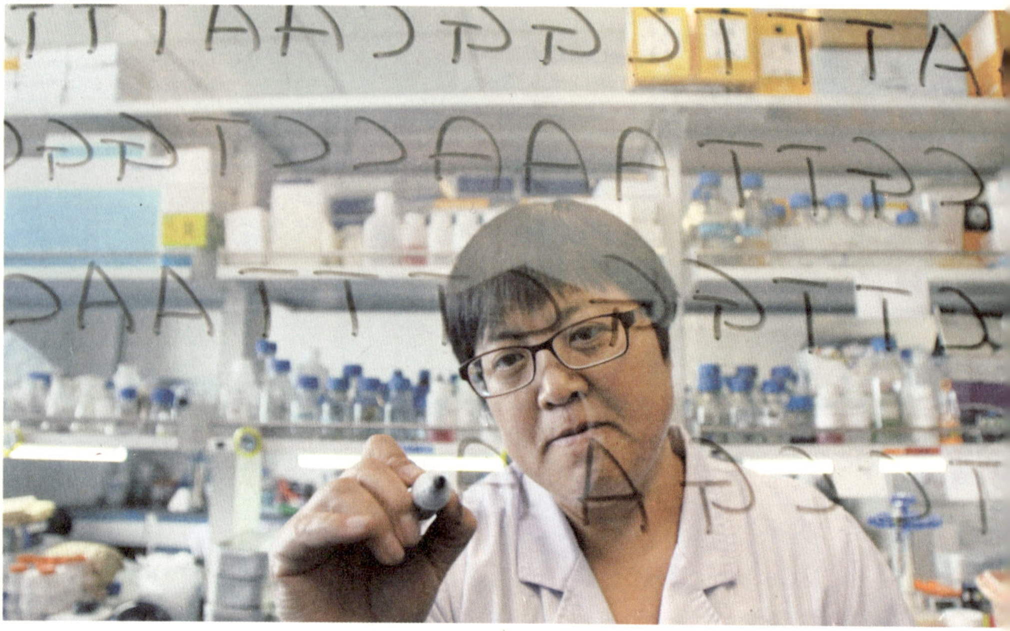

高彩霞：

基因编辑技术呢，是一种颠覆性的技术，一定是下一代最重要的育种技术之一。

但是，基因编辑技术能否尽快从一个理论概念，变成可应用的技术，并获得专利，全球实验室展开了一轮新的竞赛。

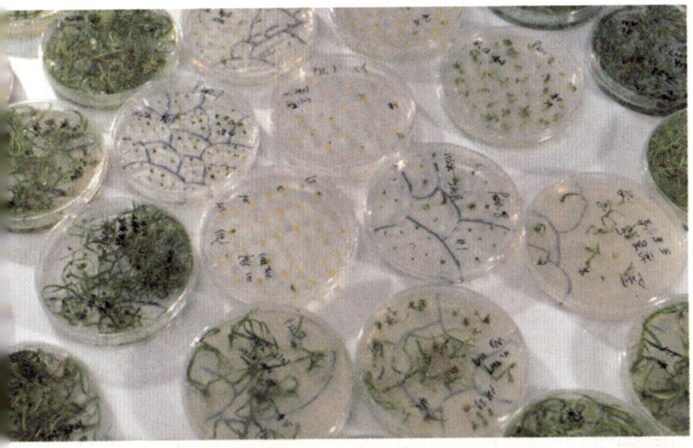

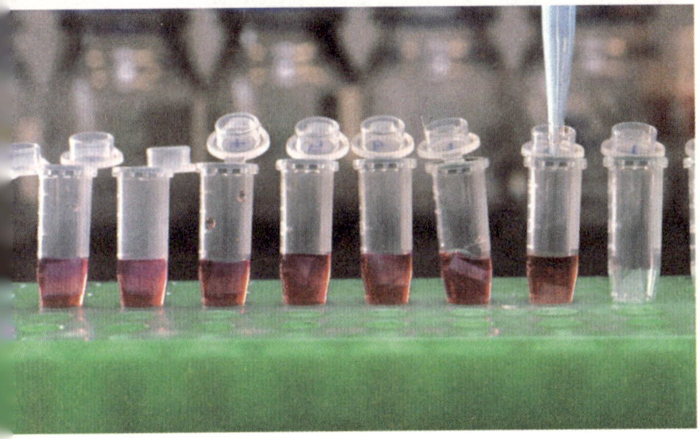

在一个基因技术时代，要出新就必须快。

这是一种史无前例的工艺。

小麦的基因多达 30 多万个，其中只有 3 个与患病的性状有关，对它的基因组编辑就如同大海捞针。

靠的是技巧、经验，以及一点恰到好处的运气。

这次修剪，让人类真正走向了造物的位置。

高彩霞：

就相当于你要把理论上的东西用在实践当中。比方说我产生了创制抗白粉病的小麦，它真的就抗白粉病，所以那一瞬间的快乐，就是感觉到实现了，就像一个梦想实现了一样。

2015 年，高彩霞团队最先运用一种特定的基因编辑技术，获得了抗白粉病性状的小麦。为解决一个世界性的育种难题走通了全新的道路。

这个成果被国际核心学术期刊评选为创刊以来最具价值的 20 篇文章之一。

短短 20 年里，中国人不拘一格，弯道超车，开始在新一轮创新浪潮中占据领先位置。

5. 干细胞

而在另一个领域，中国科学家则一直试图引领最前沿的未来。

他们是，用时间变魔术的人。

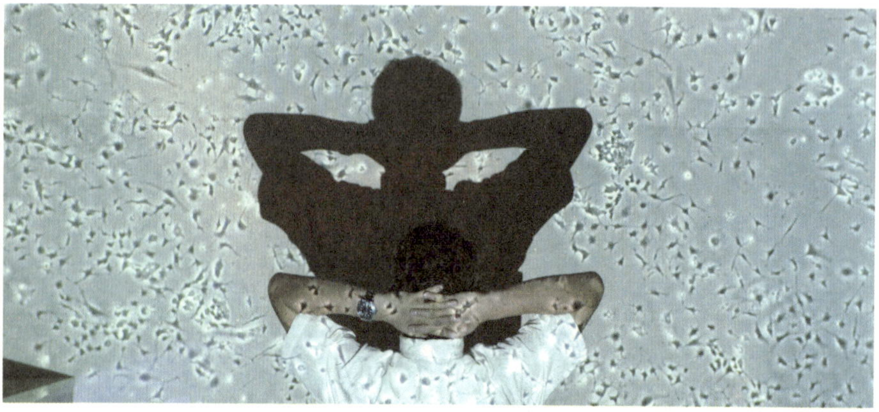

这是一些被显微镜放大到 100 微米的细胞，它们来自成年小鼠的尾巴，却被还原成了类似受精卵的状态。如同一枚生命的种子，它们有了成长为其他组织与器官的能力。

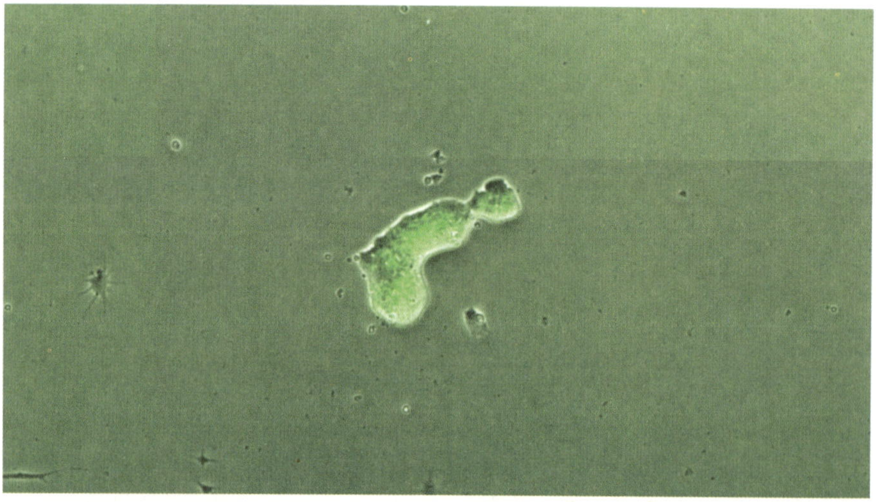

而这个过程同样可以发生在人体中。

裴端卿（中国科学院广州生物医药与健康研究院院长）：

像很多婴儿生下来的时候心脏就发育不全，我们如果拿他的这个细胞，再重新给他发育一个很好的心脏的话，那他就是一个很正常的baby。这些技术将来都不是科学幻想，是能够实现的。

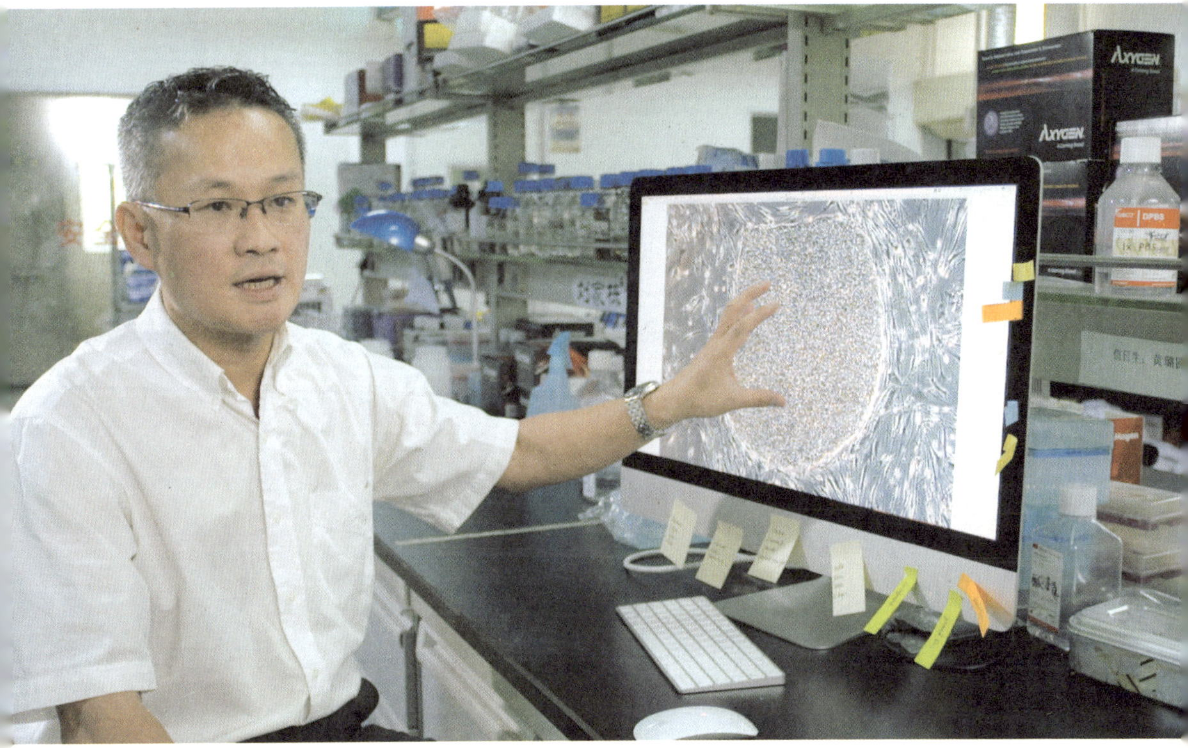

在细胞层面实现返老还童，这就是干细胞技术，现阶段生命科学研究中最活跃的一个领域。

2006 年，日本科学家率先在人体皮肤细胞中诱导出了多能干细胞，这个创举加速了各国对干细胞技术的研究与转化。基于干细胞疗法，全球新一轮再生医学革命已经到来。

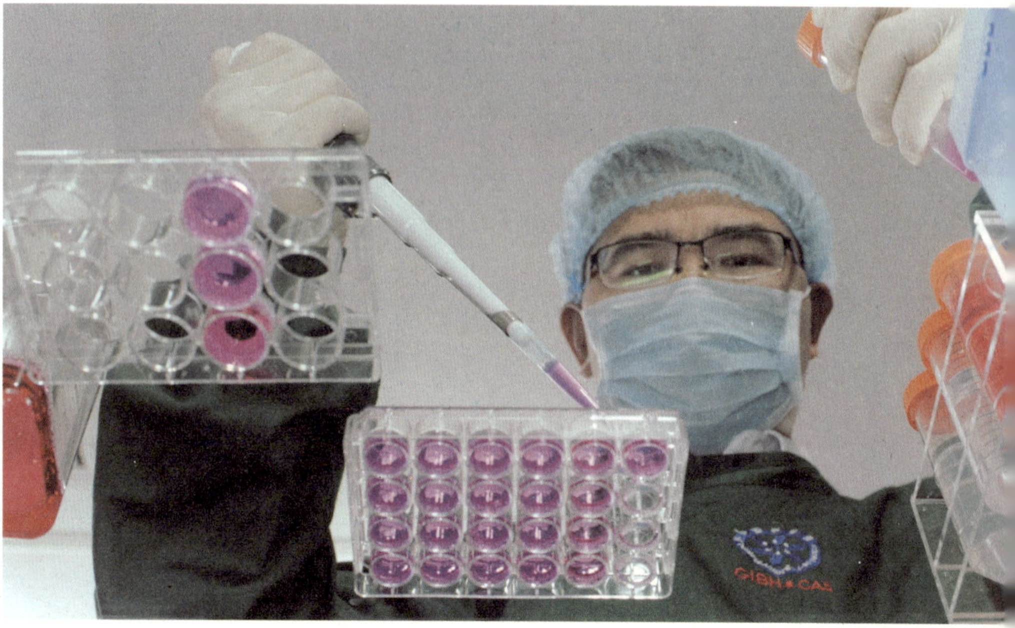

裴端卿：

在过去药物研发领域里面，还有很多医疗领域里面我们过去是落后的，我们追赶得也很辛苦。全世界可能前十名的大的新药创制公司其中没有一个是我们中国的公司。所以我更希望未来，最先进的干细胞治疗，中国是领导者，而不是一个追随者。

2000 年初，原本在美国研究肿瘤的裴端卿选择回国，带领团队将研究方向转移到干细胞领域。

在裴端卿看来，从皮肤中提取多功能诱导干细胞，并不是最好的想法，因为持续的阳光照射可能引起基因变异，影响干细胞的质量。

那么，要从哪里去寻找来源稳定、数量庞大又方便获取的干细胞来源呢？

裴端卿的发现显得有些匪夷所思。

裴端卿：

也是在文献里看到尿里面可能有活细胞，后来我们很快就把尿液里面的活细胞，变成这样一个细胞的样子，所以那个时候，我们突破的时候也很兴奋。因为尿液的来源就太广泛了，对不对。

一小瓶尿液，就能打开一个新世界。

裴端卿的团队将尿液中诱导出的干细胞，植入小鼠体内，生长出了牙齿。它们的直径不足 1 毫米，却具有人的染色体基因。

这个成果吸引了全世界的目光。

对干细胞的探索绝不只是象牙塔里的游戏。

目前，中国的老年人口数量已成为世界之最。衰老是阿兹海默氏症等神经退行性疾病，以及器官衰竭的根源。绝症不仅让患者承受着巨大的痛苦，还给无数家庭带来了沉重的负担。在传统医学治疗无法解决的问题上，干细胞研究将带来新的希望。

现在裴端卿的团队开始了一个更大胆的挑战，用从尿液中获取的多能干细胞，在人体外制造肝脏组织。

人体拥有 200 万亿个细胞，而多功能诱导干细胞，可能分化成其中任何一种模样。如何让它们成长为一个特定的器官，并走向临床治疗，其复杂程度几乎等同于登月工程。

裴端卿：

我觉得中国肯定是在世界的最前沿了，在这个领域里面，大家知道的我们也全知道，大家不知道的我们也不知道，前面也没有路了，那就是各自在探索。

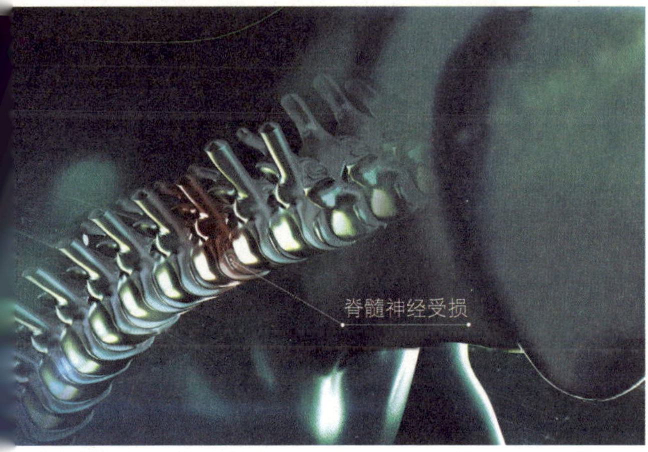

6. 生物材料

在再生医学领域里，科学家们认为，除了自然生长，生命还可以像积木一样搭建出来。

一个月前，阿辉意外地从高空坠落，造成脊髓神经永久性损伤。

几千年前的古埃及典籍就有记载，脊髓损伤是不治之症。

脊髓神经，人体中最重要的信息高速通道。它将大脑发出的信号传递给外周神经系统，让人体能形成感觉、完成运动。

而它一旦损伤，就无法再生，导致人体终生瘫痪。

在中国，有200多万患者因脊髓损伤被囚禁在病床上。修复脊髓神经，仍是一个世界性的难题。

戴建武，一个爱跑医院的科学家，他的科研问题大多来自医院的疑难杂症。

当脊髓神经无法靠自身的力量重新生长，是否可以用外力将断裂的两端连接起来呢？

戴建武把目光锁定在了一种特殊的材料上。

在科学家眼中，生命体如同一个建筑工程。组织和器官都是构成建筑的零件，一旦零件损坏，他们可以有针对性地进行修复，使用的就是生物材料。

无论是骨骼、关节，还是牙齿、血管，人力可制造出的身体修复材料已经变得越来越多，让众多疑难病症的治疗峰回路转。

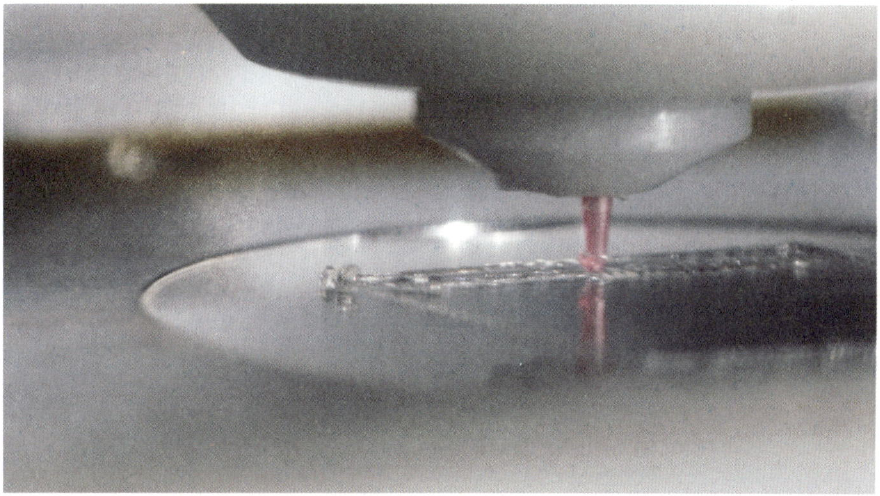

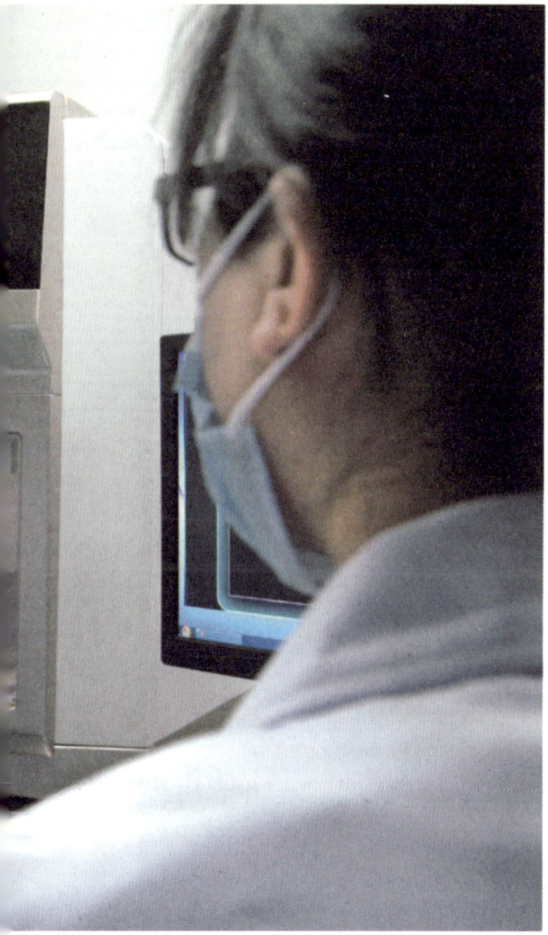

在脊髓神经损伤的治疗上，生物材料似乎是最具潜力的工具。

但几十年来，这个方案仍面临很多技术瓶颈。

传统生物材料的材质和结构与脊髓差别太大，无法传递神经信号。

要制造最接近脊髓神经的支架，就必须找到新的材料。戴建武的实验室很快有了新目标。

戴建武（中国科学院遗传与发育生物学研究所研究员）：

皮肤的总蛋白 60% 都是胶原，肌腱的 80% 总蛋白都是胶原的蛋白，我认为胶原蛋白可能是最关键的一个东西。

这些跟粉丝一样的材料，就是一种人工合成的胶原蛋白。它们被针管挤压出线状的纤维束，针头的大小可以控制纤维束的直径。

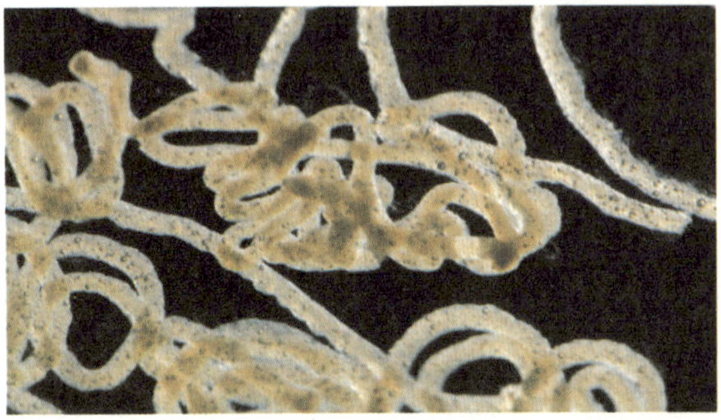

将这些纤维束有序地排列起来，并捆扎成整体，就变成了一段高仿的脊髓。

除了能连接断裂的部位，它还能复活脊髓的神经。

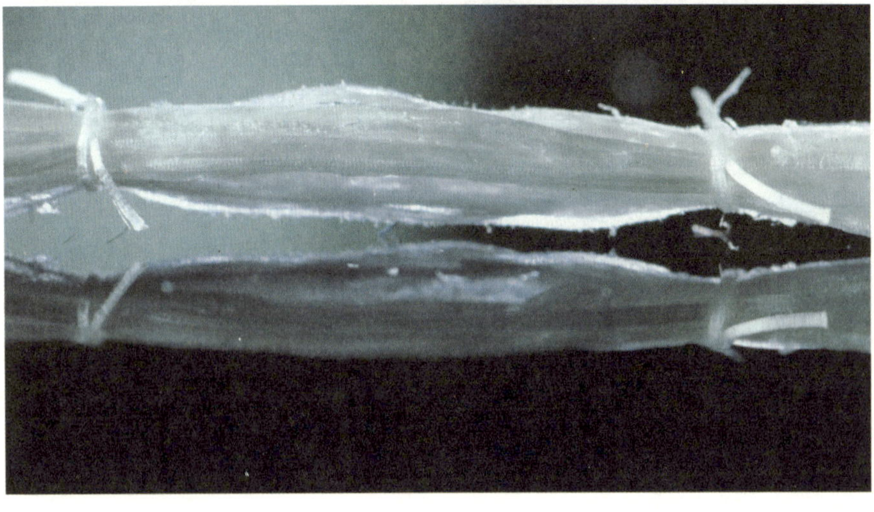

在事故发生后的第 14 天，阿辉接受了脊髓神经修复手术。
戴建武的团队要协助医生使用全新的生物支架材料。
阿辉脊髓神经的断裂处有长达 8 毫米的空洞。
材料必须现场制作，支架的长度要略长于脊髓的空洞。
还有一个秘密武器，那就是干细胞。

戴建武：

干细胞跟材料混合在一起，它移植到体内就不会跑。

将干细胞打入脊髓空洞处，再放入胶原支架，干细胞就可以在支架上停留，并在一段时间后让断裂的神经重新长在一起。

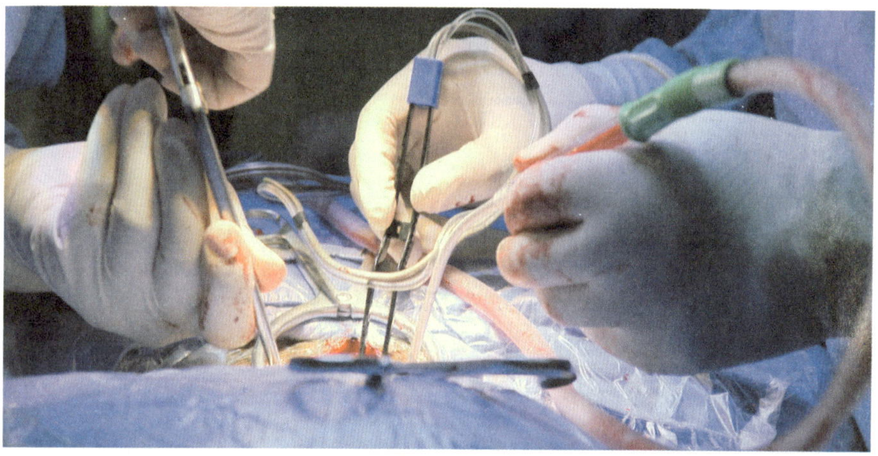

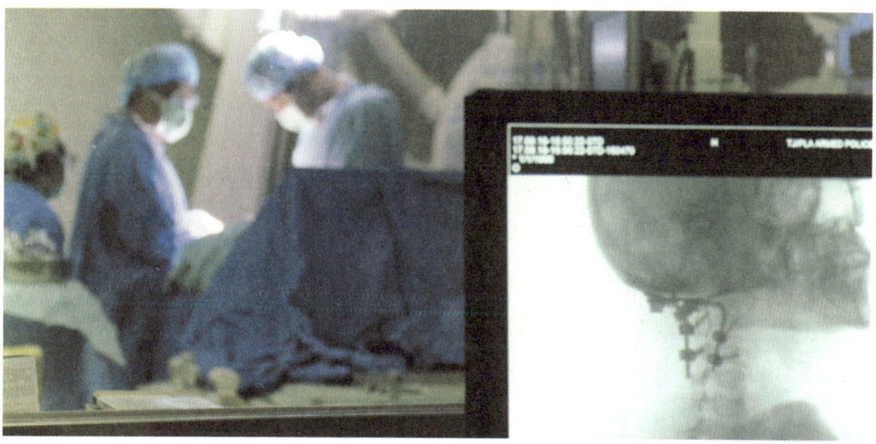

阿辉的手术还在继续，病友海龙则期待着新希望。

海龙是这个医院里第一个接受过脊髓神经修复手术的病人，他可以重新站立起来了。

这是一个最不缺少智慧与野心的领域。

在中国，对再生医学和组织工程的研究投入已经高达几十亿元人民币，预计到2020年，中国将成为世界第二大生物材料市场，占据全球近四分之一的市场份额。

而谁能突破最核心的技术，谁就能引领不远的未来。

戴建武：

从没办法到有办法，从零到一。

这种不断挑战，才有可能让我们做出这种我们现在认为做不了的事情。

生命，我们对它的了解才刚刚起步，探索永无止境，源源不断的创新，让惊喜一直在这个领域里上演。

7. 北生所

这是一个既无行政级别、又无事业编制的体制外研究所，成立至今也只有短短十几年的历史，却吸引着一批极具脑洞的科学家。

这里就是北京生命科学研究所。

王晓东，北京生命科学研究所所长。他的工作之一就是制造大佬，酝酿创新。

王晓东陪伴北生所共同走过了十二年，在这里，科学家享受长期的资金支持，可以自由选择自己认为重要的研究课题。

王晓东（北京生命科学研究所所长）：

科技创新的这种课题，既然都不知道大家该怎么做，那你怎么办？应该选最好的科学家来做，然后给他们自由，让他想怎么做怎么做，在中国以前是没有先例的。

王晓东在美国求学和任教长达 25 年。他在 41 岁时当选为美国国家科学院院士。当时，中国内地赴美留学生超过 20 万人，王晓东是进入美国科学界最高殿堂的第一人。

建立一个全球一流的生命科学研究所，将智慧、眼界和信念带回故土，成为包括王晓东在内的众多海外科学家人到中年的共同选择。

然而，自由之下是严苛的审核机制。每隔 5 年，科学家的研究成果将由国际小同行匿名评估，通过评估的科学家可以得到晋升，未通过则要离开。

而评估的核心标准就是，他们的工作是否推动和引领了同行的研究。

王晓东：

你的工作对大家都造成了影响，那你就是这个领域里面真正的原创的领导者。

中国已经成为世界科技中心之一。

中国人正在创造一个什么样的未来，可能已经远超你的想象。

唯一可以肯定的是，生命正在从一段神秘的传说，一些模糊的猜测，变成真正可以触碰和拆解的规律。

一切才刚刚开始，却已能窥见一个全新的世界。

第五集

空海

无数星辰构建的广袤空间，始终神秘莫测。

海洋的幽暗深处，至今鲜有人类的身影。

从建造“天宫”到化身“蛟龙”，中国人梦想飞向太空，也在努力探索深海。如何抵达 11000 米的海洋最深处？什么样的空间站能帮助中国人登上月球甚至探索火星？在对空间和海洋的探索中，创新既引领梦想、塑造超越，也带来自豪与信心。探索者无畏，方能走得更远、飞得更高，在大海与星辰的方向。

对空间和海洋的探索与开发，是大国竞争的战略高地，因为它标志着国家的实力，也意味着未来的机遇。

第五集

1. 火箭发动机

每个晴朗的夜晚，河北兴隆山间的这些望远镜都会打开穹顶，接收来自宇宙的光和信息。

这个以中国古代天文学家郭守敬命名的望远镜，是世界上口径最大的光谱望远镜，每一次曝光能同时获取4000个天体的光谱。

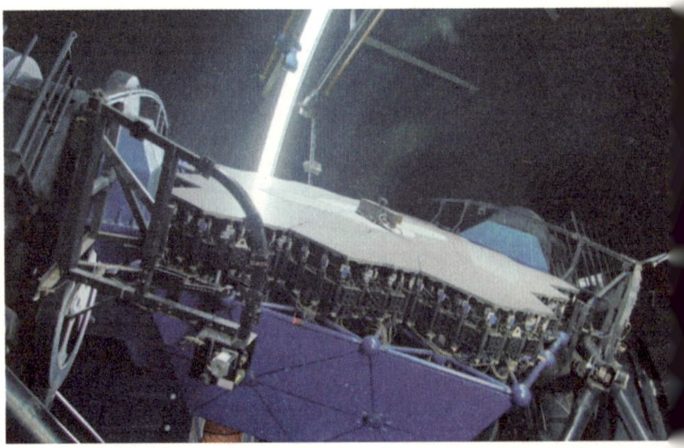

星空之中，隐藏着无尽的奥秘。我们从哪里来，又将去往何方?

遥远的光年之外，有没有另一个家园?

这古老的疑问与好奇，驱使着我们去拥抱和触摸未知的空间。

火箭，目前只有它的巨大推力能帮助我们挣脱地球的引力，飞向远方。而我们究竟能飞多远，主要依赖于火箭的心脏——发动机。

西安，这座古老城市里，中国最先进的火箭发动机正在生产。

这台推力 120 吨级的发动机，使用高效清洁的液氧和煤油作为燃料，能在 70 秒内把 80 吨重量送到珠穆朗玛峰上。目前全世界只有俄罗斯和中国掌握了核心技术。

陈建华（中国航天科技集团六院液氧煤油发动机副总设计师）：

在我们国内是全新的，在国际上也是最先进的循环方案，它整个发动机的系统效率要提高 15% 以上，相同的燃料的话，发出的推力就更大。

为了让这款发动机拥有强大推力和更高效率，陈建华团队需要解决很多问题。

保证核心部件涡轮泵的稳定运转，是其中一道难关。因为涡轮泵在运转时，会产生极大的压力。

陈建华：

高压下比如说裂开了或者泄漏了，那出的问题都是灾难性的。

这样的压力可以把黄浦江的水抽到海拔5000米的青藏高原。为此，涡轮泵中的离心轮要达到每分钟约2万次的转速，这会产生巨大的离心力。任何细微的技术瑕疵都可能导致离心轮撕裂，甚至发生爆炸。

为了这款先进的火箭发动机，人们努力了整整17年，现在他们决定去挑战更高的目标。

几天后，发动机又将进行一项新的试验，工作人员正在紧张地准备。

这是一次开创性的尝试，成果将应用到未来的新型火箭发动机上。

这款发动机的设计推力从现有120吨跃升至500吨。如果研制成功，中国航天运载能力将提高5倍左右，这会给中国的太空探索带来质的飞跃。

李斌（中国航天科技集团六院副院长）：

它不仅仅是推力增高了，它的研制难度，技术风险也大幅增加，因为火箭发动机本身就是一个能量密度非常集中的这么一个动力装置，是所有动力装置中能量密度最大的一种动力装置。

作为500吨级火箭发动机的设计总负责人，李斌对这次试验充满期待，他们要验证一项关键技术的可行性。

火箭在发射过程中，整个发动机机身一直在不断地摆动。

就像汽车方向盘，通过摆动来调整喷射角度，控制火箭的方向。

但是，随着发动机推力增加，它的体积和重量就会更大，摆动难度也会大大增加。

有一个办法可以解决这个问题。

改变之前发动机整体摆动的模式，只让它的一部分参与摆动。

重型火箭发动机的技术难关，正在被一点点攻破，不断进步的技术将把中国人带向更远的深空。

2. 中国登月

月球，我们熟悉又陌生的星球，那里有很多未知的秘密在等待我们去探索。

2004 年至今，中国探月工程已经完成了环绕月球探测和月面软着陆。

中国探月的下一个目标，是从月球上进行月面采样，获取月壤，之后通过一系列复杂技术环节，把样品带回地球。对中国航天来说，每一步都是挑战，每一步都是创新。

北京，中国空间技术研究院，探月工程“嫦娥五号”探测器正在研制。

赖小明团队负责的是月壤钻取试验。

赖小明（中国航天科技集团五院“嫦娥五号”钻取采样子系统领域总师）：

我们要去月球取回我们的样品回来，我们在钻取过程中就是一个勘探的过程。

为了保证钻取成功，赖小明团队的试验已经进行了六年之久。

距离地球 38 万公里的月球，昼夜温差非常大。在阳光直射的地方，温度高达 127℃；而夜晚，温度可低至零下 183℃。任何一台机器在宽温域、高真空的极端环境中运转，都会面临严峻的考验。

赖小明：

真空的环境下，我们散热条件是非常差的。我们要考虑它的热胀冷缩，考虑它的运动的磨损，要突破它空间环境的适应性。

然而，严酷的空间环境还不是最大的难题。

赖小明：

月面实在太大了，困难是不可预测的。在采样的过程中会遇到多大的石块，这些情况呢，我们不了解。最难的有可能一上去了就碰到一块大的岩石，这个情况下我们能不能取到样。有可能出现的情况，在地面上我们就要验证它。

月壤之中，分布着大小不同的各类岩石碎片，采样器在作业时充满了不确定性。为了让采样器应对复杂的工况，赖小明团队选取了数十种地质样本，模拟月壤，这项试验已经进行了300多次。

各种岩石样本都被放入这个超过5米的金属罐内，反复试验，来检测钻取过程遇到不同阻力时的状态。

试验还在持续，赖小明团队要把可靠性做到最高。

钻取月壤只是这次月球探险的一个环节。当携带月壤的上升器点火升空，另一个关键时刻又将到来。由于燃料不足，上升器已无力返回地球，它必须与轨道器对接，并将月壤转移到返回器，最终回到地球。遥远的月球轨道上，它们只有短短三个半小时来完成交会对接，稍有差池，便前功尽弃。

郑永洁（中国航天科技集团五院GNC分系统副主任设计师）：

这是我们首次在月球轨道进行交会对接。这是一个全新的任务。

新的目标带来新的挑战。郑永洁团队正准备开始一次交会对接的试验。

要在遥远的月球轨道完成交会对接，有很多困难亟待解决。

在月球轨道进行交会对接，定位导航卫星和地面测定轨系统的支持非常有限，这意味着交会对接的过程需要依靠“嫦娥五号”自己来完成。

郑永洁团队的任务，就是给“嫦娥五号”一个大脑和一双眼睛。

郑永洁：

这个交会对接在月球轨道进行，距地面比较远。所以地面干预的手段很有限，这也为我们交会对接控制系统的设计带来了很大的困难，所以我们的星上的系统是全自主运行。因为全自主运行的话，就需要对星上的测量敏感器进行智能化管理，所有星上的敏感器自主运行，自主诊断错误。

如果有一双敏锐的眼睛可以提供足够精确的信息，“嫦娥五号”的智能大脑就可以完成自主控制。这双眼睛就是测量敏感器，要保证对接的成功，它需要具备超强的能力。

今天的试验验证了他们的解决方案可行。

迄今为止，全世界有 12 个人踏上过这片荒芜神秘的土地。

但在另一个神奇的领域，到达过的人类还不足 12 人。

3. 中国深潜

海洋，生命的起源，如果没有海洋，我们的家园将不复存在。但我们对它的了解也微乎其微，特别是深度大于 6000 米的幽暗之处。

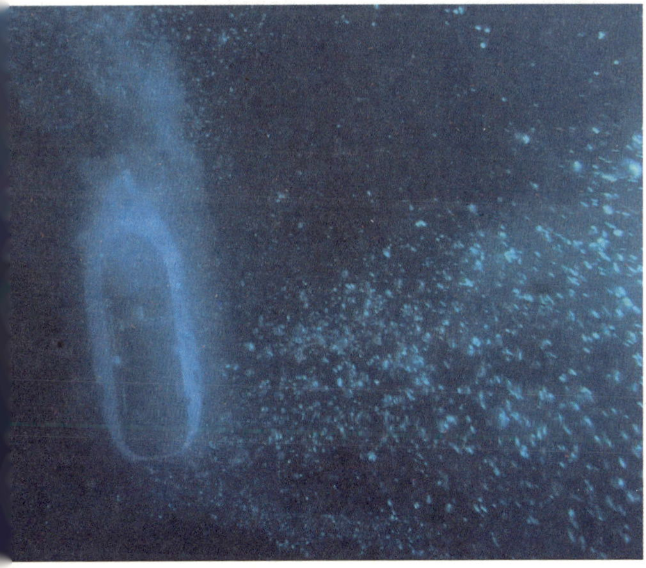

崔维成，“蛟龙”号副总设计师。

叶聪，“蛟龙”号主驾驶员。

2012 年，他们告别祖国，准备开启一项前所未有的挑战：乘坐“蛟龙”号载人潜水器，前往海洋最深处——11000 米的马里亚纳海沟。

深海探索，是勇敢者的事业。

所谓走入深海，潜航员实际是走向漆黑。

在大海的深处，如同夜间开车，只能看到前方几米。

下潜过程，就像坐电梯。漆黑的海底、拥挤的空间，任何一个报警信号，都让人极度紧张。

2000 米以下的深海，几乎没有巨型生物，只有一些形状怪异的小型物种。

2012 年 6 月，经历了 6 次沉浮，“蛟龙”号顺利完成 7000 米级载人深潜，取回了丰富的海底样本。在北太平洋的风浪中，“蛟龙”号返回母船，创造了人类载人深潜作业的最高纪录。

然而，这并不是中国深潜的终点，7000 米之后，崔维成和叶聪也各自投入到了全新的探索之中。

4. 空间站

现在，中国的航天人员正全力以赴，为全球科学家建造一个新的太空家园。

中国空间技术研究院天津航天城。

这里是世界上规模最大的航天器总装测试中心。高度达到 60 米的巨大厂房可以配合庞大的空间站计划。

现在，空间站的各项检测正在进行。

杨宏（中国航天科技集团五院空间站系统总设计师）：

空间站呢，是我们目前在研型号当中系统最复杂，应该说技术难度最大的一个航天器。

1992年，杨宏进入航天领域工作，就在那一年，中国正式提出了自己的载人航天工程。

但当时，我们甚至还没有能力输送航天员进入太空。

杨宏：

第一步，是我们载人飞船阶段，当时我们的目标非常明确，能把航天员安全地送上天，再安全地接回来。

载人航天对当时的航天强国来说，早已不是不可逾越的技术难关。目前正在太空运行的国际空间站从1993年开始实施，由16个国家联合研制。但这个国际空间站拒绝中国加入，杨宏和他的同事只能从原理开始，逐步向目标靠拢。

杨宏：

载人航天，可以说，国际上有些项目是不带我们玩的。我们只有一个办法，那只有靠我们独立自主，靠自己的力量，也就是说只有一条路，只有靠创新。

从提出空间站计划到第一个航天员杨利伟进入太空，中国人花了整整 11 年时间。

此后，他们的速度在加快。

2008 年，航天员翟志刚迈出了中国人出舱活动的第一步。

2017 年，中国第一艘货运飞船“天舟一号”顺利升空。

至此，中国载人航天工程突破了一系列关键技术，为迈入空间站时代做好了准备。

杨宏：

原来说神舟飞船是一个狭小的空间，到了“天宫”的话，就是一个“一室一厅”了，到了空间站就变成了“三室一厅”、“五室一厅”了。里面的空间要比原来的“天宫”空间实验室大得很多。

中国人设计的空间站由一个核心舱和两个实验舱组成。

在太空中把这些舱段对接成一个整体，要面临失重、辐射和各种意想不到的挑战。

连再平常不过的太阳光，也成了工程的阻力。

卢纯清的团队正在进行抗强光干扰测试。太空中的阳光强度是地面的5到10倍，强烈的光线是空间站舱段对接时无法回避的干扰。

卢纯清（中国航天科技集团五院交会对接光学成像敏感器主管设计师）：

在宇宙中太阳有可能从各个方向直射需要对接的空间站的舱段，我们做这个试验的目的就是为了分析太阳直射条件下，它对于我们的对接有什么影响。

工作人员在实验场里守候着每一天的日出日落。

他们根据太阳高度不断调整角度，来模拟太空中可能遇到的各种光照条件。

卢纯清团队的试验将持续进行，对于从零开始的中国航天人，每一个微小的成果都意味着巨大的付出。

两天后，空间站核心舱将完成一次对接组合。张伟要在此之前做各种验证，他的工作是确保空间站可以在任何情况下进行维修。

航天器会随在轨时间的延长而老化。

目前运行的国际空间站，就曾发生过多次故障，进行了上百次有效的维修。

维修中最困难的是出舱，只有合理便捷的设计，才能确保航天员在有限时间内完成任务。

为了真实模拟航天员的状态，工作人员需要戴上航天服手套进行试验。

张伟（中国航天科技集团五院空间站系统总体主管设计师）：

打个比喻的话，有点像是一个人在开着飞机的时候要去修飞机，我在修的时候不能让这个飞机停下来，空间站不工作里面各种生命保障系统就会出问题，跟地面的各种通讯就会出问题。所以呢你必须要给它设计得非常的好，它才能好修。

每一个细节的设计都要进行反复论证，以最小代价获取最优方案。

空间站核心舱的对接组合已经开始，空间站距离完成又近了一步。

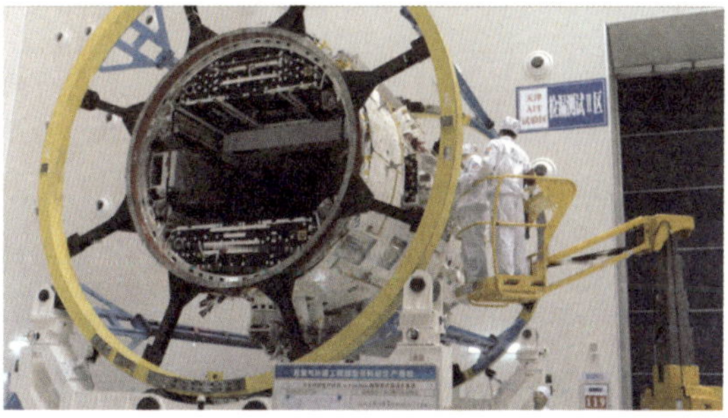

目前运行的国际空间站预计 2024 年退役，届时，中国将成为世界上唯一拥有空间站的国家。

5. 绿航生命保障系统

然而，梦想不止于此。

未来，人类的计划是要在外太空建立基地，比如移民火星。

这个模拟的火星基地就是太空家园的出发点，它由深圳太空科技南方研究院负责研发。

李莹辉（绿航星际项目总负责人）：

我们这个试验，就是为了将来人能够在地球以外的家园上长期驻留生存所提供的，和人的生命安全有关的技术。

这是一个奇妙的过程。根据植物的需求，植物舱内会产生不同的光效。植物在精准的控制下进行光合作用：吸收二氧化碳，释放氧气，并蒸腾出水分。

这实际上是一个迷你版的地球生态圈。如果成为现实，人类就能在不适宜生存的外太空自给自足。

2016年6月，志愿者在舱内展开了180天的全封闭试验，他们与世隔绝，完全靠舱内的循环系统维持生存。

李莹辉：

从我们人进舱开始，他呼吸的每一口气体都是通过自循环产生的，新鲜的蔬菜水果全部都是舱内供应。那么所有的水都是在舱里边循环的。

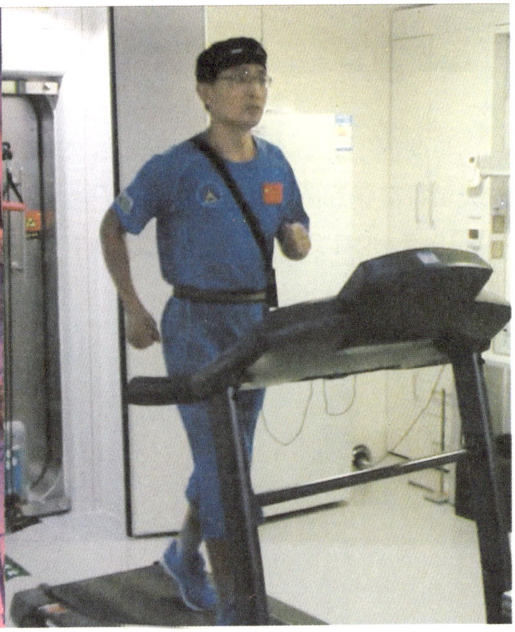

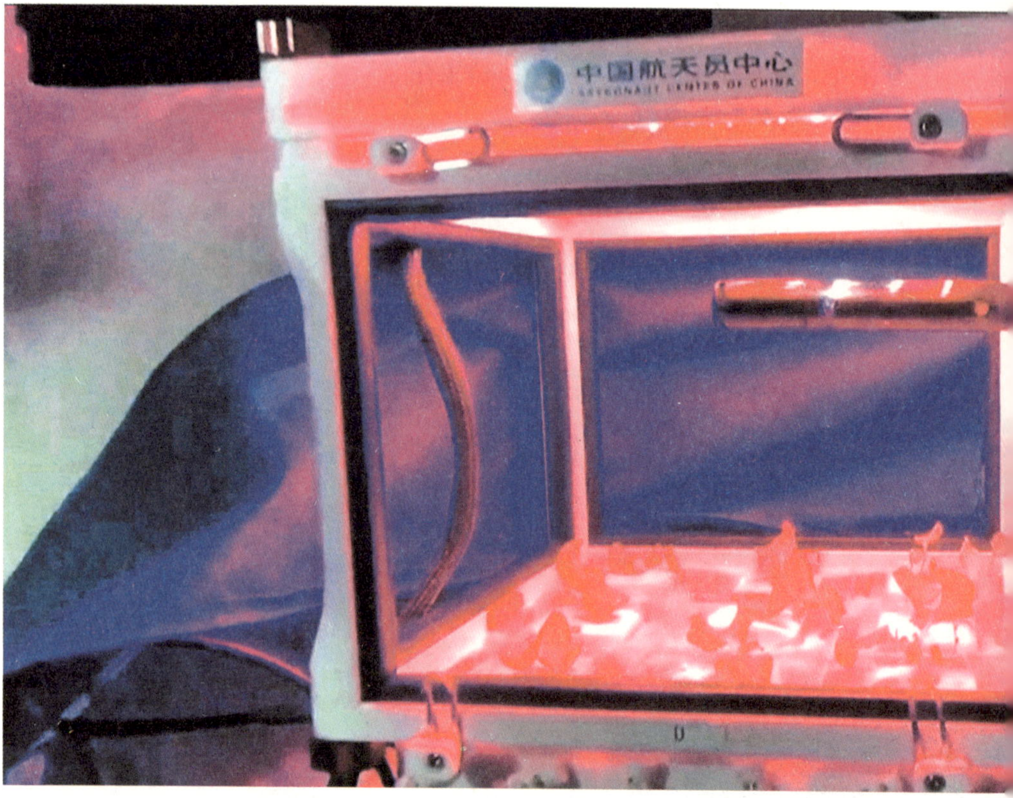

与此同时，在距离地面近400公里的“天宫二号”空间实验室内，航天员景海鹏和陈冬也在做一些有趣的试验。

10月24日，是景海鹏的50岁生日。地面志愿者特意通过视频送去了祝福。

景海鹏（航天员）：

视频我都收到了，看到你们的状态非常好，我和陈冬也非常高兴。

告诉你们一个小秘密，我们在天上这次也种植物了！展示一下啊，虽然是一个小芽，但一定是中国人的一大步。中国人在太空种菜，还是第一次。

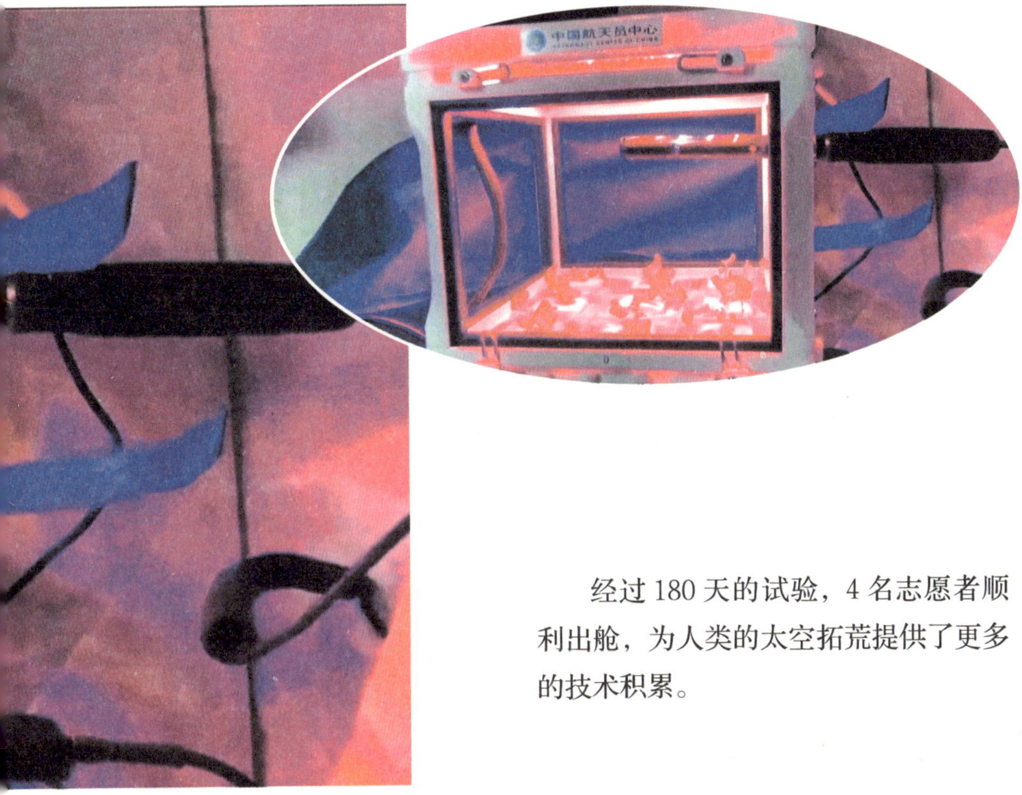

经过 180 天的试验，4 名志愿者顺利出舱，为人类的太空拓荒提供了更多的技术积累。

6. 透明海洋计划

中国南海，又一次全新的探索正在进行。

海洋国家实验室，科学家们组成了一支庞大的科考队伍，即将展开一次大型的海洋观测。

30 多台由中国自主研发的海洋传感装备，被分别投放到大气、海面及海下 4200 米水深范围，组成了海洋全方位立体观测网。

水下滑翔机“海燕”，是这次观测中重要的一员。它搜集到的数据信息，将通过无线信号发射装置，实时传输到 2000 公里外的青岛。

天津大学教授王延辉和他的团队是“海燕”的研发者。

王延辉（海洋国家实验室研究员）：

“海燕”滑翔机就跟潜艇一样，可以上升和下潜。在上升下潜的过程中，借助它的固定的水平翼的水动力，可以实现它的这种水下滑翔。

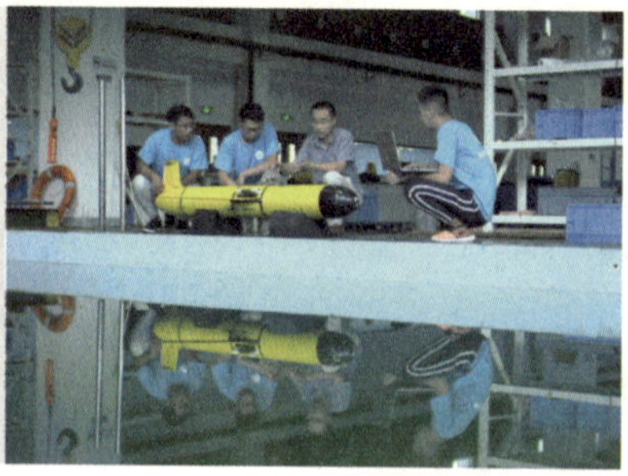

“海燕”能在 1500 米的海下自由滑翔。上千公里的续航能力、灵活小巧的身姿，使得“海燕”能长时间遨游大海，甚至与鲸共舞。同时，它可以搭载声学、光学等多种仪器，是大范围探索海洋的利器。

王延辉：

其实这种技术国外对我们一直是限制，严格地限售、限运、技术封锁。如果一味地去追踪国外，跟踪他们的话，在海洋研究上，海洋的经济上都不会超过他们，所以我们必须要弯道超车，我们必须要自己来创新。

王延辉团队把花费 10 年研制的“海燕”项目整体搬迁到海洋国家实验室。

这是中国最高等级的海洋科研机构。2000 多位国内外海洋科学家和 10 余艘科考船集结在这里，从事海洋领域最前沿的科学研究。

为了让海洋变得更加“透明”，人们进行了一次世界上持续时间最长、设备投放最多、覆盖海域最广的海洋立体组网观测。

2017 年 8 月 20 日，中国南海，刚刚完成科考任务的“海燕”，准备返航。

此时，台风中心以北 50 海里，5 台“海燕”正在执行科考任务。是赶在台风到来之前安全撤离，还是进入风暴中心获取更为精确的数据？王延辉犹豫不决。

台风的精准预报是个世界性难题，正是因为观测数据少之又少。但是进入台风中心捕捉信息，“海燕”很可能损坏甚至丢失。

王延辉：

目前针对台风的观测，使用水下滑翔机做台风现场观测，在国际上目前都没有人敢做这个测量。那么，海洋科学家他是很迫切地需要这个现场数据，所以他们鼓励我说你们去探测，你们去试，你们不试永远不知道行还是不行。

下午 5 点，中国南海，东经 117.9° ，北纬 20.5° ，“海燕一号”抵达预定海域潜伏，其余 4 台“海燕”陆续向预测的台风中心集结，一张捕捉“天鸽”的网络张开了。

此时，台风正以每小时 25 公里的速度迎面扑来。

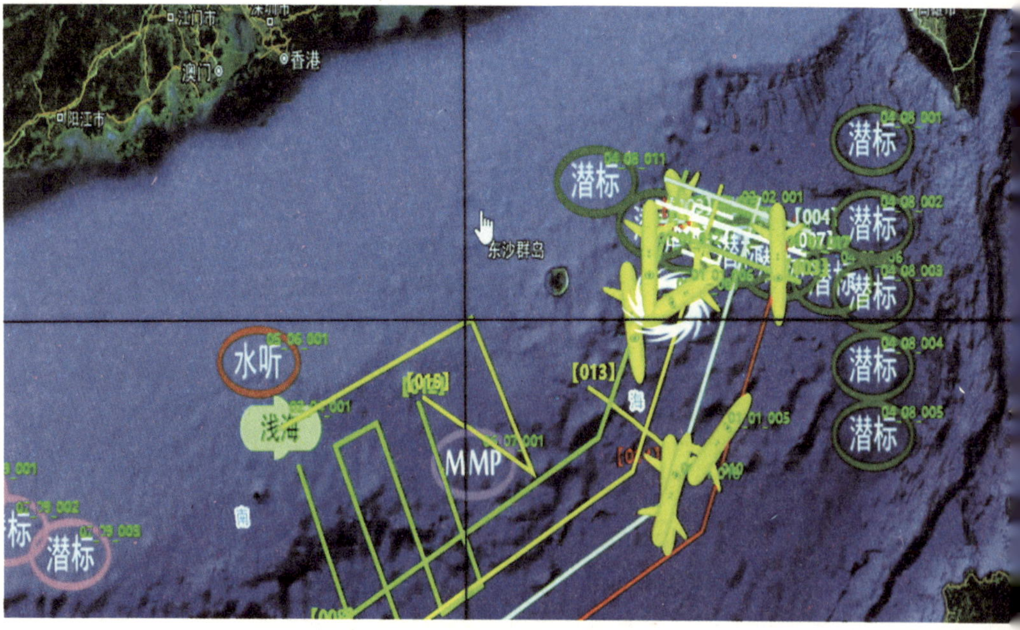

王延辉：

我们每台滑翔机，相距是 50 ～ 100 公里，分别布置了这么 5 台滑翔机。从当天的晚上比如 8 点路过第一个滑翔机，那么第二个滑翔机，就已经在50公里以外等这个台风过去，在台风路过第二台滑翔机以后，第三台滑翔机就已经到位，来迎接它再过境。有两台滑翔机我清楚地记得，应该是在 3 小时的时候，能够出水通讯，那么我们苦苦地等啊，结果它没有任何的信息。

正常出现应该是凌晨的 1 点钟，它应该是第一个剖面要出现了，结果它没有。真跟自己的孩子丢掉了似的那种感觉，真的是……我语言可能没法来描述。

这是一个极度煎熬的夜晚。“海燕”传来的讯息时断时续。

台风终于离开了南海，王延辉也等来了好消息。

“海燕”在和台风搏斗了 20 多个小时后，成功带着数据返航。

王延辉：

我心里就真的是松了一口气，我知道我们这些“海燕”滑翔机真正的是经历了一次洗礼，真正的是在台风这种恶劣的海况情况下，它真正地生存下来了，而且是咱们国家第一次的这种尝试。

更多的信息和数据正在不断汇聚到海洋国家实验室，变幻莫测的海洋未来将不再神秘。

“海燕”又要出发了，此行的目的地是更远、更深的大洋，它们将同海洋国家实验室的其他科考队伍一起，描绘蓝色国土的样貌。

7. 快舟和微小卫星

如果你飞出大气层，会发现这是一个繁忙的世界。上千颗人造卫星环绕地球，往来穿梭。它们的身形各不相同，大部分重量达到上千公斤，但偶尔你也会碰到一些迷你的新成员——微小卫星。

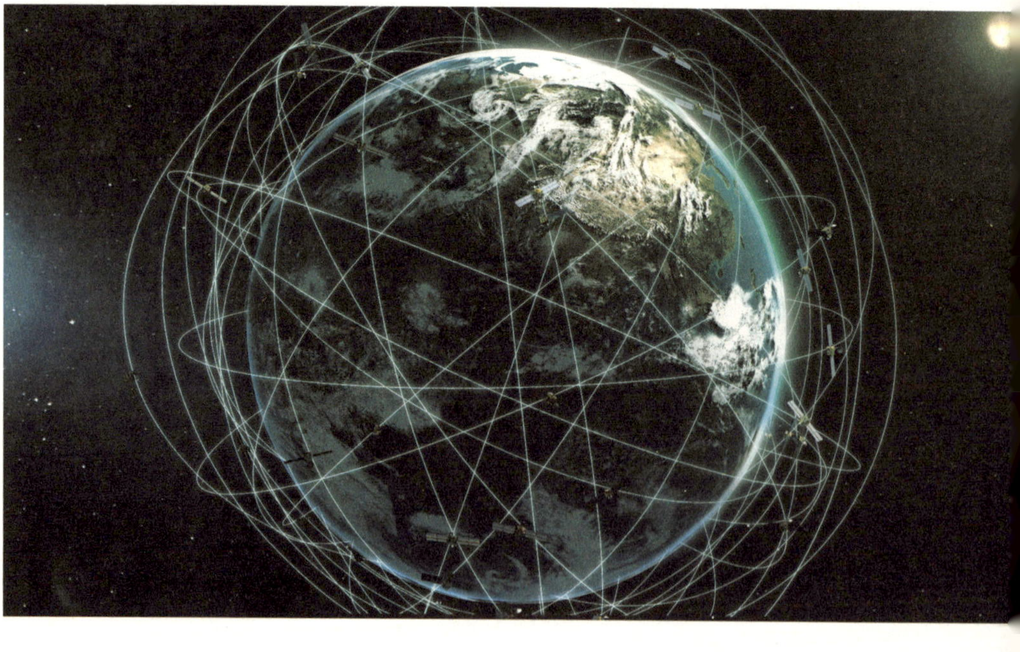

这是一家专门设计制造微小卫星的公司。

王洋是这里的首席科学家。他带领团队正在制造的卫星重量只有 100 公斤左右。

他们的目标，是用微小卫星组成一个叫作“翔云”的星座，当足够数量的卫星发射升空，就能构建覆盖全球的太空互联网。

王洋（翔云星座首席科学家）：

我们可以把它想象成为是一个 Wi-Fi。放在天空中的 Wi-Fi。如果这个卫星网络建成的话，在整个地球表面，99.99% 都会提供网络信号。

研制成本低、速度快的特点，让微小卫星的商业前景非常可观。

但由于微小卫星寿命较短，必须在短时间内密集进入太空，才能发挥作用。这就要求火箭具备快速发射的能力。

今天，这家公司——航天科工火箭技术有限公司，要在武汉的国际商业航天论坛上，向来自 20 多个国家的专家介绍公司的新型系列火箭——快舟。

2017 年 1 月，快舟以一箭携带三星的优异表现，跻身国际商业航天市场。

在国际商业发射领域，近年来最受人瞩目的火箭公司是“美国太空探索”。依靠价格和快速的优势，它拿到了全球大量的发射合同。到 2017 年，它的发射次数已经是全球第一。

张镝（航天科工火箭技术有限公司董事长）：

我记得前一阵，SpaceX，它在 48 小时之内，它连续发射了两次，其实它证明了它的快速发射能力，而我们可能要打破它这个纪录，就是在 7 天内连续发射 4 枚火箭。

现在的快舟火箭，已经可以将长达几个月的发射准备时间，压缩至几天，发射价格最低达到每公斤 1 万美元，这在国际市场上是一个非常低廉的价格。这让快舟火箭成为王洋团队的最佳选择。

他们计划在 2018 年底使用快舟火箭，通过“一箭九星”的方式，将微小卫星发射入轨。

搭载王洋团队卫星的快舟火箭，已经组装完成，开始进行最后的功能测试。测试完成后，它将从容地等待 9 颗微小卫星的到来。

中国的商业航天正在迎来新的时代。竞争促使人们不断更新产品、提升技术，市场激发出创新的活力，中国在很多尖端领域已切入全速奔跑的模式。

8.“蓝鲸一号”

正在建造的是全球最大的海上钻井平台。

18000 多吨的上船体，由重型吊床吊起，与下船体合龙。

这就是“蓝鲸一号”。从船底到钻井架顶端有 37 层楼高，甲板面积相当于一个足球场大小，最大钻井深度超过了大海最深处马里亚纳海沟。

雄伟坚固的身材让“蓝鲸一号”足以抵抗狂风巨浪，但在它的内部，却精密得如同钟表。数万台设备协同工作，管路连接起来可以从上海铺到北京。每一根线路能否正常运转都关系到海下开采的成败。

创新不仅是变革，有时也是一种工匠精神。

“蓝鲸一号”代表了人类海工领域的最高水平。它可以在任何一处深海作业，开采油气资源。

2017 年 5 月，“蓝鲸一号”出征南海，开启了固态天然气——可燃冰的试采。

“蓝鲸一号”完成了 60 天的连续开采，创造了产气总量的世界纪录。

当我们开启梦想之旅，总会期待那激动人心的成功瞬间，但在这之前，是无数的细节和漫长的岁月，以及无处不在的失败和风险。

在这高速前行的时代，中国正迎来前所未有的机遇，人们拥有足够的自信，去应对前方未知的挑战。

这是属于拓荒者的未来，这是属于创新者的世纪。

第六集

潮起

从科学家到创业者，从基础科学到工程建设，从政府到企业，这是一个万众创新的时代。故事发生在长城脚下世界最深的地铁站，也发生在濒临倒闭的制造车间；世界上最聪明的公司梦想开发另外一种智慧，中国最老牌的经济特区也在酝酿新的腾飞……

热情与活力，无所不在。那些推动中国创新的精神与面貌，时时浮现；那些影响未来的深刻改变，正在中国发生。

第六集

2017 年 9 月 15 日深夜，72 岁的天文学家、中国“天眼”之父南仁东去世。

25 天后，中国向世界宣布，贵州平塘山坳里的“天眼”首次发现两颗脉冲星。

南仁东为之奋斗 23 年的射电望远镜，用最完美的方式，向崇高的科

学精神致敬。

没有一次伟大的发现不经历坎坷和等待，也没有一次伟大的进步不依靠创新和积累。

古往今来，创新都是这个民族最深沉的禀赋。

1. 京张高铁

八达岭长城，古老中国的象征。每天都有数万来自世界各地的游客，登上这个古代中国的宏伟工程，感受中华帝国曾经的气势和雄心。

就在他们的脚下，穿过坚硬的花岗岩层，另一个当代的宏大工程正在兴建。

地下 102 米，工程人员要挖出一条 12 公里长的隧道，当今世界最大最深的高铁地下车站，八达岭长城站，就建在隧道里。巨大的建筑分为三层，面积接近“辽宁号”航母甲板的两倍。通过首次被采用的大型特殊电梯，短短几分钟内，旅客就能直达八达岭长城的入口处。

每天，倪派都要在隧道里来回巡察5遍，每一遍至少需要一个半小时，一天下来，走的路程超过 20 公里。

倪派（中铁五局京张项目副总工程师）：

它有 8 个分通道，88 个洞，有 77 个断面，就是说，洞群非常多，施工组织难度非常大。前面看到的，就是我们最大的大跨段，宽度达到了 32.7 米，是目前国内高铁隧道里面施工方数最大的，难度也是最大的。

挑毛病是倪派的工作内容之一，他要仔细堵住每一个细小的漏洞，确保工程万无一失。

施工现场，犹如迷宫，洞室交错。

由于地质复杂、地形起伏大，进入隧道施工主战场斜井横断面太小，无法容纳大直径盾构掘进机，隧道挖掘只能采用爆破法。

八达岭隧道和它头顶上的长城，最多不过百米距离，爆破必须保证长城毫发无伤。

整个工程共有 2000 多个爆破点，最多时一天要进行 120 多次爆破。技术人员第一次采用了最新的数字电子雷管微损伤精准爆破技术，来控制爆破的震动速度。

这种新技术，将爆破震动速度控制在每秒 2 毫米以内，每爆破一次产生的震动，只相当于在长城上跺一下脚。

京张高铁连接着 2022 年冬奥会的两个举办地——北京和张家口。174 公里的路程行走在崇山峻岭之间，还要穿过高寒和大风地区。要保持全线 350 公里的时速，即便对经验丰富的中国高铁来说，也是巨大的挑战。但是，他们正在一步步接近目标。

在京张高铁的这个段落，设计者特意让线路从地下通过。因为这段路面上，有一个对中国人来说意义深远的小车站，必须永久保留。

倪派：

我们青龙桥车站它左边右边都是长城，它建于 1908 年，到现在已经有 100 多年历史了，现在可以看得到，它保存得还是非常的完好。我们的京张高铁，将来将从我们车站正下方 4 米处穿过。

青龙桥车站的一侧，矗立着京张铁路总设计师詹天佑的铜像。在这位“中国铁路之父”的坚持和主持下，京张铁路成为中国人自主修建的第一条干线铁路。至今，这仍是世界工程史上的一个奇迹。

青龙桥车站附近的这条“人字形”铁路，是詹天佑设计中的妙笔，用一前一后两个火车头推拉的方式，解决了南口和八达岭段的高度差。

这样的工程难度，对于今天的中国高铁建设者来说，早已成为历史。一个又一个新技术创造的工程奇迹，在新时代诞生，一次又一次突破人们想象的界限。

冬奥会开幕的日子越来越近，京张高铁正夜以继日向前延伸。而两千公里之外，东海之滨，另一项开创性的工程也进入关键阶段。

2.“华龙一号”

2017 年 5 月 25 日，福建福清核电站 5 号机组前，1000 多人都在等待一个最佳时刻。

由我国自主研发的第三代核电技术“华龙一号”全球首堆示范工程，即将进行穹顶吊装。

福清核电站，中国大陆第9座核电站，5年后，全部建成的6台百万千瓦级核电机组，每年将提供约500亿千瓦时的电量，占福建省全年用电量的25%。

1千克铀238的裂变可以产生2万兆瓦小时的能量，与燃烧至少两千吨煤释放的能量一样多。

面对如此惊人的释放，人们最关心的问题是，如何保证安全？苏联和日本两起核事故的发生，让全球核电建设几度跌入寒冬。中国人将如何应对核泄漏威胁？

在世界核电市场上，第三代核电技术因为安全高效，成为主流。但只有极少数国家掌握这项技术。

2015年，中国自主研发的“华龙一号”首堆开工。仅仅在第一年，就已经使用了3万吨钢筋，13万立方米的混凝土，“华龙一号”的内外两层安全壳，厚度分别达到1.3米和1.8米，足可以抵御大型飞机的撞击。

“华龙一号”最令人关注的技术创新，就在即将完成吊装的穹顶之下。

陈国才（福建福清核电有限公司总经理）：

穹顶吊装它相当于我们核电工程建设从土建阶段转入安装阶段的一个转折点。

吊装工作必须在风速小于每秒9.8米的天气下进行。直径46.8米，总重量340吨的巨型穹顶，要提升到20层楼的高度。

穹顶以下，是“华龙一号”内部8万立方米的自由容积。一旦发生意外，核泄漏都将被最大程度限制在这道屏障内。

接下来的安装阶段，核反应堆将通过这条预置的通道送达——“华龙一号”的心脏位置。

这里有第三代核电技术的强大武器——非能动安全系统。在“华龙一号”完全丧失外部动力的情况下，3 个容量达 3000 吨的冷却水箱，仅仅利用自然力，就可以争取到 72 小时的安全时间。这让“华龙一号”成为当前核电市场上接受度最高的三代核电机型之一。

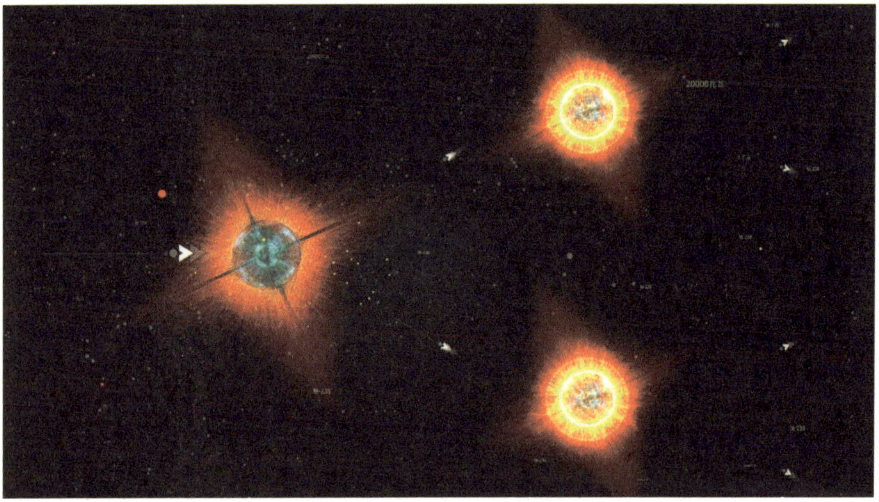

陈国才：

我们 5 号机组建成发电以后，意味着我们中国自主三代的核电技术可以与国际上核电机同台竞技了。

中国新能源、中国桥梁、中国航天、中国电商、中国交通、中国超算，正在刷新世界对古老中国的传统认知。

创新开启全新的视野，科技主导未来的格局。

在基础科学领域，中国开始进入世界的前沿。

3. 中微子实验装置

王贻芳每个月都要从北京飞到广东工地现场开会。不久前，正在施工的竖井发生了严重的透水，排水抢险整整延误了 15 天的工期。

王贻芳对工程了如指掌，但他并非技术人员，而是中国顶级高能物理学家。现在，他和他的团队正在建设一个世界领先的中微子实验站。

大约 130 多亿年前，自宇宙诞生的那一刻起，中微子便是构成物质世界最基本的粒子之一。中微子质量极其微小，可以无障碍地穿过物质而不被发现，被称为“宇宙隐身人”。

揭开中微子之谜是科学家们梦寐以求的理想，这个领域研究的每一次突破，都是人类科技史上的重大事件。1988 年至今，诺贝尔物理学奖曾四次颁给中微子研究领域的科学家。但人类对这种神秘粒子的了解仍然只是冰山一角。

由于核反应的过程中会产生大量中微子，核电站附近便成为科学家捕获中微子的理想场所。

为了隔绝宇宙射线，进行有效观测，中微子探测仪被放置在地下的山洞里，装满超纯水的密封罐中。

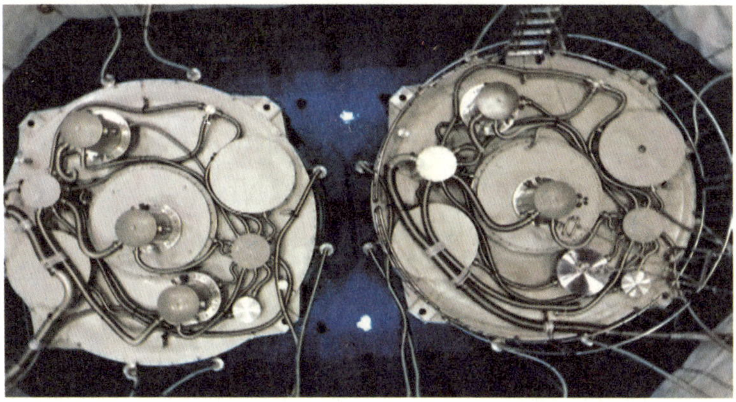

通过这样的巨型装置，经过 1 年多时间的反复观测，王贻芳和他的同事们终于捕捉到了有效的数据。

王贻芳（中国科学院院士）：

5 米直径，里面装上液闪（液体闪烁体），通过这个探测器，探测大亚湾反应堆出来的中微子。科学上第一次看到中微子振荡的这样一个模式，测到了 θ13，这是在科学上极其重要的。

2015 年，加拿大人麦克唐纳因为发现中微子振荡获得诺贝尔物理学奖，对于中国人的新发现，他充满了兴趣和好奇。

王贻芳则对未来的期望更高。

王贻芳：

我们过去在大亚湾的时候，曾经做到世界最好，是当时国际上最好水平的 2 倍，现在我们（江门实验站）要比我们大亚湾的水平还要再提高 2 倍。

王贻芳的计划是，在地下 700 米处、面积超过两个篮球场的实验大厅里，建造一个装满 2 万吨液体闪烁体和 18000 只光电倍增管的球形探测器。

这个实验站，将使中国一跃成为世界中微子研究的中心。

王贻芳更庞大的计划是，建造一座世界领先级别的环形粒子对撞机，它的耗资将达到甚至超过 300 亿元人民币。

这是中国人将要建设的又一项大科学装置，无论是难度、投资额还是科学价值，都将远远超过以往。

王贻芳：

本世纪我们知道几个最重要的科学发现，比如说引力波的发现，比如说希克斯粒子的发现，比如说中微子研究的进展等等，都依赖于大装置，取得重大的科学突破的。

中国也应该有这样的大科学装置。

但是，这一史无前例的构想，即便是在科学界内部，也有不少担忧和疑问。

王贻芳：

它在科学上的重大意义，跟它的造价相比是不是值得的。第二个方面就是这么复杂，这么大的一个装置，我们能不能把它造出来。

这样的疑虑让王贻芳倍感责任之重，他必须更加严谨，更加慎重。但30多年的专业经验，给予他强大的自信。

王贻芳：

我们国家发展到这样一个阶段，那我们肯定要有一些科学上世界第一的东西，应该有这样一个责任在那里。

王贻芳坚信，现代文明的每一次飞跃都源于基础科学的突破，源于我们对世界的认识发生根本性的改变。点燃未来的引信，也许就隐藏在那些神奇而巨大的科学装置之中。

4. 上海光源

上海浦东，张江高科技园区，一座国家级大科学装置，正在和中国科学家一起，探索人类难以触碰到的领域。

巨大环形建筑的内部是巨型的人造跑道，奔跑着的“运动员”，是肉眼看不见、接近光速的电子 。它们在拐弯处沿切线释放出一种特殊的人造光源——同步辐射光。通过一系列的科学手段和装置，这些光被输送到各个实验终端。

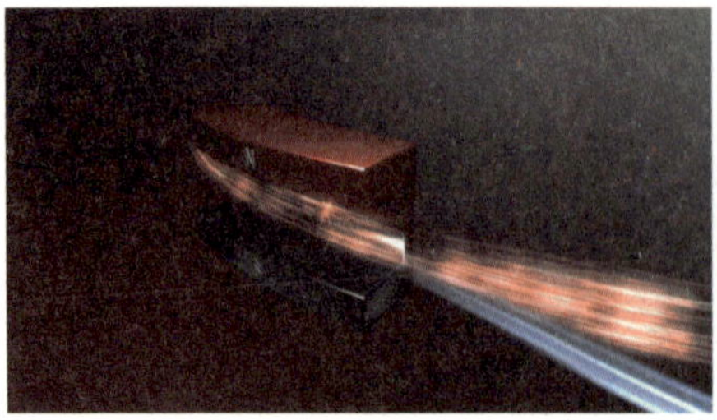

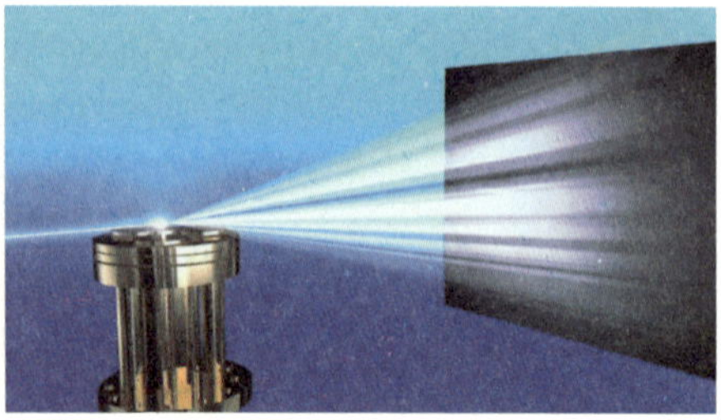

同步辐射光的亮度可以达到常规 X 光机的 10 亿倍以上，就像一个超级高分辨率的显微镜集群，在它的照射下，生物体的结构、细胞的结构甚至材料的结构，都可以纤毫毕现。

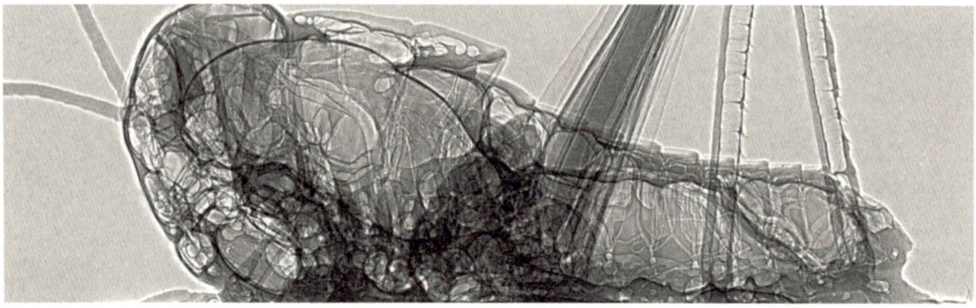

何建华（上海光源中心副主任）：

亮了之后它就可以看得更清楚微观世界的一些结构。我们知道更高的亮度就可以照亮更微小的世界，就是大约是几分之一根头发丝这么一个尺度。

通过上海光源，前所未见的微观世界展现在科学家们眼前：他们观察到了禽流感病毒的囊膜蛋白结构，从而弄清了病毒感染人的传播机制；他们看清了 $PM_{2.5}$ 的真实结构和成分，为雾霾的治理提供了可靠的数据；他们甚至看清了一粒稻米中不同营养成分的确切分布。

何建华参加了上海光源的设计和建设，现在他是这个大科学装置的管理者。

开放的实验大厅里，同步辐射光被牵引到十几个实验站，24 小时不间断运行。每天，数十位海内外不同学科领域的科学家不分昼夜，同时使用着同步辐射光。

现在，一个直径仅有几十微米的人脑神经突触蛋白质晶体，通过机械手臂的精准捕捉，被放置在直径相当的光束中。张明杰教授和他的团队，希望通过这次测试，打开新的通道。

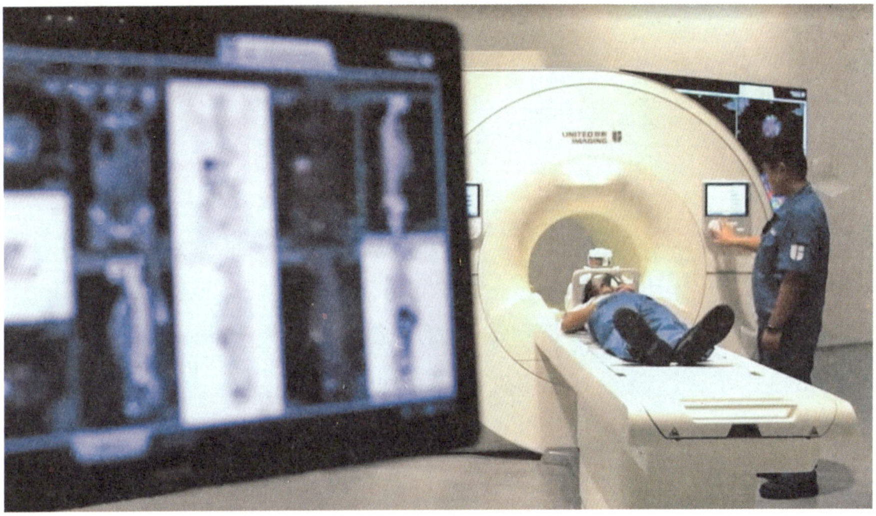

张明杰（中国科学院院士）：

比如说孤独症、压抑症是怎么引起的，为什么某些基因的突变会引起这样的疾病。那我们最终的目标希望，我们的研究能够对我们大脑有更好的了解，能够帮助我们去找到办法来医治一些大脑的疾病。

上海光源大大加快了中国在基础科研领域的研究速度，这个国际一流的实验平台，有助于中国在许多学科迅速进入世界前列。

何建华：

上个世纪50年代，解（析）一个结构是一个科学家要花多少年的时间，10年甚至更长。那么同步辐射应用成熟之后，这样一个结构解析的时间，可以用天或者用月来衡量。

上海光源的下一步计划是，再建设16条高性能的光束线站，为科学家提供近百种先进的实验方法，更多的科技前沿将在这里被照亮。

大科学装置和高端实验室孕育着未来梦想，代表了一个国家战略创新的最高水平，这需要耐心和执着。

而对另一个群体来说，时间并不充裕，几乎每天，他们都要面临巨大挑战：创新，或者消亡。

5. 乐凯的故事

在暗房里冲洗胶卷，对于今天的年轻人来说，已经非常陌生。虽然它远离大众，才不过短短的十几年。

乐凯终于决定，把这间仅存的暗房和设备，也搬进博物馆。20年前，同样的用于检测胶卷的暗房，公司有好几十间。

近几十年人类高新科技的颠覆性，给中国这样的后发国家，制造了新的机遇。但是新时代的飓风也常以惊人的速度横扫一切，让人措手不及。

数码摄影就是这样的飓风。几乎在一夜之间，它风卷残云般吞噬了胶卷相机几乎所有的领地。100多年的传统和辉煌，转瞬间烟消云散。

1988年，22岁的王辉入职时，中国刚刚成为世界上第四个能够生产彩色胶卷的国家，打破了美国、德国和日本的垄断。

王辉（乐凯集团工程师）：

感觉特别光荣和自豪。1990年在咱们北京开亚运会，我是扛着一箱子胶卷到《人民日报》、新华社，试用我们的乐凯胶卷。事实证明，冲洗出来的这些照片效果非常好。

但是，危机来得太快了。

进入21世纪，胶卷行业还没有来得及进行任何抵抗，便迅速败给了新技术，败得没有一点机会。

“断崖式下跌”，这样的形容毫不夸张。2005 年，乐凯胶卷还能够卖出 1172 万卷，第二年，这个数字变成了 761 万卷。到 2012 年，公司被迫关闭掉最后一条彩卷生产线。

王辉和同事们面对的现实是，必须迅速转型。只有转型成功，才能保住上万名职工的饭碗，才能保住这个来之不易的民族品牌。但是，转型的方向在哪里？

王辉：

数码相机，包括 MP3，数码产业的转型从现在来看是不成功的。为什么不成功？数码相机它的核心技术是什么？是电子，是半导体。我们乐凯几十年，没有在这个专业里面形成我们的核心技术，没有人才储备。几年的探索，我们越来越感觉到偏离于我们核心技术的这些个探索，我们不掌握核心技术，不是我们的强项，在转型的过程当中遇到的困难就大。我们的一个扩散膜的产品上市，竞（争）品都是国外的，一下子价格降下来 40%。也给咱们广大的消费者带来了实惠。

现在，王辉和他领导的研发团队，为乐凯的合肥工厂提供技术支持。他的工作看上去似乎与胶卷风马牛不相及，但是，王辉很清楚，他们的产品，所有的核心技术都与胶卷相关。

10年前，王辉和近百位老职工一起，来到千里之外的合肥二次创业。就在这一年，公司总部做了一个决策：集中精力做符合乐凯核心技术的产品。

王辉所说的核心技术，是指在胶卷时代积累下来，并不断发展的微粒、成膜和涂层三大技术。

依靠这三大技术，中国第一条光学聚酯薄膜生产线建成投产。这种薄膜是制造平板显示器的关键材料，此前，被日本、韩国等国家的企业垄断。

胶卷时代的巅峰期，乐凯的最高年销售额是20亿元人民币，而在2017年，很多人以为乐凯早就不存在了的时候，这个数字是：60亿元。

从平板显示器到数字印刷，从彩色相纸到医疗胶片，从火车票到太阳能电池背板，乐凯早已不是人们记忆深处的模样。但是，所有这些，无一不来自他们数十年的积累和从未停止的创新。

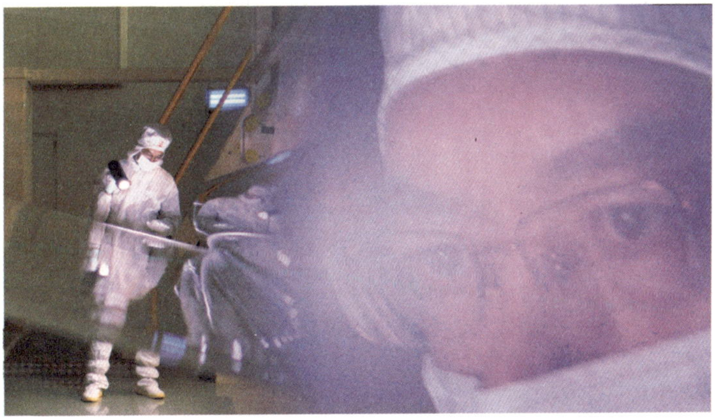

当一扇门关上，另一扇窗户可能已经打开。只是，你需要勇气把目光从熟悉的风景移开，再次出发。

6. 聪明的公司

在人类的世界里，因语言不通而产生的误解、矛盾、隔阂，每天都在上演。熟练掌握一门外语，需要花费的时间和努力，让大多数人望而却步。

有没有另一种便捷、可靠的沟通方法呢？科技进步带来了新的机会。

这是一款刚刚上线的翻译机。

测试内容还包括街头问路、超市购物等场景。测试效果基本令人满意：如果发音比较标准，内容不过于复杂刁钻，它的表现称得上惊艳——准确率甚至可以超过 90%。

两个月后，这个被网友们称为黑科技的“大神”，网络销量超过了 6 万台。但是，它的研发者们已经开始感到不满足。

他们对自家产品的短板了如指掌：这台聪明的翻译机实在还算不得真正的聪明，因为它还远没有学会思考。

吴晓如（科大讯飞轮值总裁）：

要考虑一下它以后的更新时间，还有更新失败的问题。就像《射雕英雄传》中的郭靖，它不够聪明，但是它无比的勤奋和努力。它一天到晚都是在抓更多的数据过来，天天在学习。

其实有一些问题，可能对小学生来讲，都觉得很简单：他回去以后，看他父母亲今天心情不好，他讲话的时候，他有可能也会察言观色。那机器，对这个完全就不行。

积累海量数据并进行快速运算，已经是了不起的成就。事实上，即便是击败了世界上所有围棋顶尖高手的“AlphaGo”（阿尔法狗），能做到的也只是计算，而不是思考。

造出能“察言观色”的机器，让电脑变得真正接近人脑，全世界顶级的科学家对此都跃跃欲试。

中国人决定挑战新高度。

科大讯飞研究院，一个庞大而又特殊的部门。300 多人，坐班打卡，编程画图。没有硬性任务指标，不需要直接创造利润。但它是全公司最看重的部门，因为他们掌握着公司的未来。

35 岁的魏思坐在比他更年轻的同事们旁边，是为了更方便与他们沟通。烧脑过后，讨论甚至争论，是常态，随时随地。

这个二三十人的小组叫作“超脑小组”，魏思是“超脑”的灵魂。他们瞄准的是当下人类科技的最前沿——人工智能，也就是说，他们的目标是，让翻译机真正聪明地说话。

魏思（科大讯飞研究院工程师）：

“你懂的”，怎么去理解“你懂的”？它一定是需要后面一大堆的东西才能理解。所以，我们要去理解语言，绝不能从字面去理解，它需要有很多的积累跟知识，需要一个人的整个人生的经历，需要你对外面的很多的信息融合进来。

魏思坚定地认为，目前流行的题海战术解决方式，未来的极致已经清晰可见：即便是面对最简单的思考和判断，也束手无策。要有所突破，必须另辟蹊径。

魏思：

用来解决问题的方法都是非主流的，或者都是天马行空的。我们这个组一定要做一些跟其他人不一样的。

但是，魏思还没有给出答案，甚至拿不出一个像样的解决方案。而他并不着急，他很清楚，选择创新，更多是意味着选择失败。

魏思：

因为做这种没有人触碰的事情，肯定会有很多失败。你首先是要找到一个好方向，就比较困难。然后在一个好方向，找到一个解决方案就更困难。所以为什么失败是常态，就是这个原因。

魏思并不惧怕失败，讯飞也不怕。2017 年，他们在研发上投入 4 亿元，这对于一个赢利能力还不算十分强大的公司来说，不是一个小数字，但他们相信，用于未来的钱不会白花。

他们更相信，哪怕只有一次成功，世界科技史上，也会记录下浓墨重彩的一笔。

不久前，美国一家权威杂志评选全球 50 大最聪明公司，入选的 8 家中国公司中，科大讯飞名列第一。

魏思不会因此放慢脚步，相反，他更加觉得时间紧迫。要想真正担得起聪明这个词的分量，就必须跑到别人的前头，更要想到别人的前头。

7. 创新征程

珠江口东岸，一座年轻的城市，因为改革开放而诞生。现在，它正在与中国其他城市一样，在努力跻身中国的创新型城市。虽然只有短短几十年，生活在这里的人们，却用他们独特的成长经历，理解并拥抱着创新：不断推陈出新的民用无人机、穿梭在世界两百多个城市的电动车、全球最薄彩色柔性显示屏、世界首款人工智能手机芯片……源源不断的技术与应用，为城市注入新的活力，也激励着来者。

或许，只有将创新竭力融入文化，发展成为一座城市的原动力，才

可能让人们拥有不断涌现的机遇，拥有自我更新和迭代的能力。

过去40年，这个古老国度经历的起承转合，记录了中国的巨大变迁，也启迪了创新的征程。

1978年，中国国内生产总值占全世界不足2%，属于自己的高端科技屈指可数。

2016年，中国国内生产总值占全世界近15%，国家综合创新能力位居全球第18位。

到2020年，中国将全面建成小康社会，并成为真正意义上的创新型国家。

这个梦想，值得我们付出全部的智慧和努力。

一个人，一个团队，一家企业，一座城市，都在用自己的方式，描绘着我们共同的未来。

每一种力量都无比珍贵，每一次创新都意义非凡。

近几十年来，新一轮科技革命以超乎想象的速度席卷全球，无所不及的触角和巨大的威力，深刻改写着人类的生存状态。

对中国来说，这是一次让人兴奋的历史机遇。几百年前与工业革命失之交臂的遗憾，将因此而改变。

当变革的时代来临，唯有创新，才能深远。

本片由中央电视台、中共深圳市委宣传部联合出品，中央电视台纪录频道、深圳广播电影电视集团联合摄制，央视纪录国际传媒有限公司承制。

附

《创新中国》解说制作全记录

王 同 沐肆洲

这是一篇挺长的文章，对此内容感兴趣的朋友，不要吝啬时间，请给予这篇文章足够的耐心。因为再长的阅读时间，也不会长过三个月——那是我们团队投入在《创新中国》项目上的时间。

请相信时间的力量。人对知识的吸收，不像是海绵对水的吸收一样快。长时间的浸润，包含着大量的信息，这会让人对事物的认知不同于第一反射的猜测与臆想推理。

或许只能经过这么长的时间，让我有很多想法能够自信坚定，而又谨慎恰切地写出来。你们可以在其中的蛛丝马迹里找到自己需要的信息。

我作为一个纪录片人，能够在这个年代，有机会使用国内顶级的人才与技术的匹配对接，得以记录下可以重塑人声的最高水准，已是幸事，即使是缺憾，也有巨大的价值。

著名播音员、配音演员、语言艺术家李易

向李易先生致敬。
向科技致敬。
向纪录片人致敬。
向创新者致敬。

艺术创作，是最古老的劳动之一。从肖韦岩洞的壁画，到米开朗基罗的《大卫》；从居勒·马莱伊的电影摄影机，到詹姆斯·卡梅隆的《阿凡达》，人的经验、人的思想、人的学识、人的悟性、人的敏感，支撑起来这个以人为最高成本的行业。外物，一直是艺术创作者的工具和实现手段。

换句话说，纪录片行业中的所有工序，人参与的力量一定是主导性的，是属于第一工序的。摄像机、非线编辑机、音频工作站，都只是各工种的劳动工具。真正参与创作的，是摄像师、剪辑师和录音师。核心工序，一定是以人的可控性主导为源头。但这次，有一项工种的主导权，不全是人。

这几天，很多人联系我，探讨关于纪录片《创新中国》里使用人工智能语音合成技术制作解说的事。其中，以语言工作者为最大群体。同时，我也看到了很多做声音内容的公众号，发布了相关的文章。大部分讨论的内容，集中在以下几个方面。

1. 人工智能是否已经达到了取代人的成熟？这项技术会不会引起变革？这个变革何时会到来？

2. 语言工作者的职业道路将何去何从？会不会有很多人失业？语言相关行业会受多大影响？

3. 由此相关的版权问题如何处理？

不可否认，这几个问题，都与语言从业者切身利益紧密相关。

事情还要从最开始说起。

2017 年 10 月 19 日，我接到《创新中国》史岩总导演的电话，重新研究解说人选的事。史导综合了几个原因，确定使用这项合成技术，并使用李易老师的声音作为模拟源。

其一，本片核心是创新。恐怕没有其他任何片子比它更适合引用一个创新的技术手段融入创作了。

其二，自 2011 年央视纪录频道成立，李易老师就为其录制了大量的纪录片，成为频道的标示性声音。频道希望借此机会，向已故的语言大师致敬。

其三，他为纪录频道留下了数量庞大的高音质标准录音素材。这是这件事得以继续的素材基础。

其四，李易老师的吐字发音到位，语速相对均匀，语感稳定，字与字间距均匀，声音特质纯粹，这也是一个让这件事更容易成型的技术因素。

2017年10月26日，我们有幸结识了科大讯飞AI研究院研发主管江源先生，他是这次语音合成技术的主要技术负责人。

或许是因为我跟高总都有工科专业背景，又都是音频工作者，在与江源先生沟通时颇为顺利。作为“中国最聪明公司”的技术研发高管，他所体现出来的严谨与实事求是，完全异于我们日常看到的关于人工智能的朋友圈文章。

江源告诉我：以目前他们所拥有的国际上最顶级的人工智能语音合成技术，还有很多无法做到令他满意。比如，还无法合成出来完美的歌唱，无法做到为影视剧配音。但是，给机器一段新闻稿，让机器用标准的普通话合成出来，已经不存在任何技术问题。他们正在努力让机器更加聪明起来，可以自行准确判断意思重音和结构关系。比如科大讯飞就自己研发了一款软件，叫作“配音阁”（现已改名为“讯飞配音”），里面就提供了很多种类型的合成语音。也有很多人在用。

其实，此前网上已经出现了很多由语音合成软件制作人声的小视频。这些视频制作成本低，大都以传达信息为主，情感态度语态并不重要。而真正的人类说话，则是这两者并存的。

这次为纪录片制作解说，对他们来说最大的挑战在于，不仅要读字清晰可懂，而且要有神韵和一定的情感。这需要在以前制作的精度上大大提高，不断优化算法。这是他们此前未曾完善的领域。

关注人声合成的朋友们知道，两年前，Adobe公司曾制造出了英语的语音合成软件。他们对软件输入20分钟左右的人声样音（英文），机器能够识别段落性文字并读出来。大家可以在网上找到发布会演示视频。

但是在这两年的时间里，中国人的技术超过了他们。

我问江源，你需要多少李老师的素材？

他说，越多越好。越多，机器就能够越对李易先生特征了解，模仿出来的就越像。

这个让机器学习并合成过的工程，我打个不太恰当的比方。

计算机就像一锅开水，素材人声就像粉条。粉条放进锅里，煮化了，成了粥水，然后再将这锅“粥”制成粉条。

回到北京后，我们就开始从海量的李老师的语音中筛选。

我们将他的声音分为三类。

第一类，是情绪比较高，浑厚有力的。比如激昂的宣传片和政论片。

第二类，是平缓叙述的，他为纪录频道录制的原创片，大都处于这个表达方式和情绪水平范围。

第三类，是以自然类译制纪录片，声调比较低，声音极为松弛，伴随感较强。

根据《创新中国》的影片需求，我们选定了第二类作为样音基础。

我们重新回顾了李老师在那三年里为频道录制的大量声音，从中精心选出 17 个小时的素材交给江源。

虽然距离他期望的还有一些差距，但已经可以工作了。

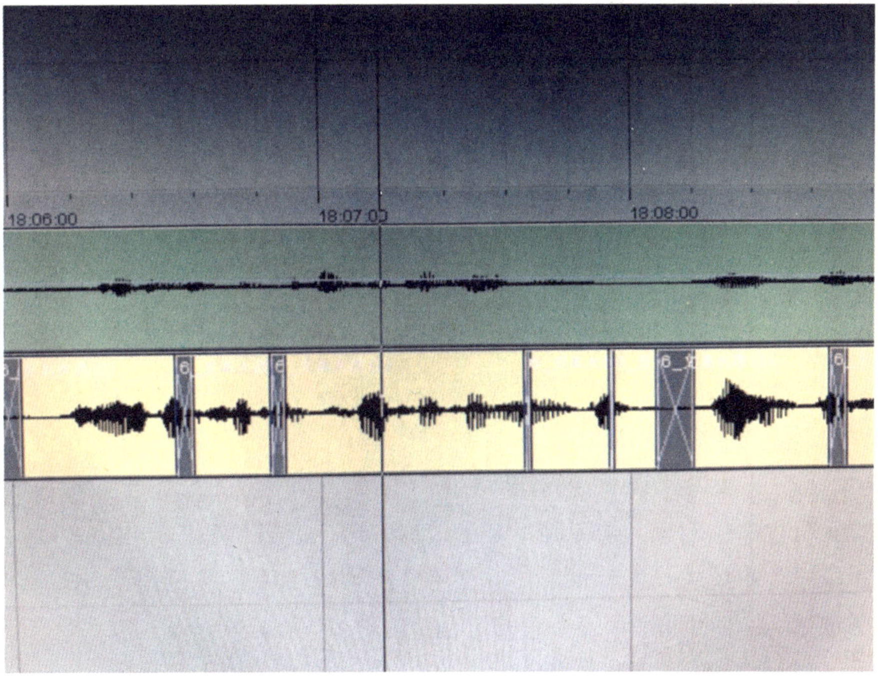

讯飞可以分为几个方面进行分析：音色、韵律、内容。计算机会把这三个方面作为量化分析的重点。

我给大家用简练而不甚准确的语言说明一下。

音色，可以理解为特征波形。每个人的音色的不同，与波形特征有直接的关系。

韵律，可以理解为关系。字内各声母韵母的关系、字头字腹字尾的关系，动程长度，字与字的关系，短语与短语的关系。每个人的韵律不同，每篇文字的韵律也不同。因为这种不同，形成了语言特点与文风。

内容，这是讯飞技术里最容易实现的，就是把字读出来。

江源说，其实，还有一个更高层次的计算，那就是情感表达。情感是一种不容易量化和学习的复杂参数。正如《创新中国》里讯飞技术高管魏思说，他们正在教给机器如何思考。

科大讯飞的江源和他的团队，是语音方面分析研究的专家，是使用计算机程序的专家。但江源不是纪录片人，在纪录片制片流程上，以及对纪录片解说的具体要求上，他并不非常了解。我们两个团队，基于音频搭建的桥梁，组成了一个紧密配合的解说制作小分队。

我们的工作流程是这样的。

1. 由剧组向讯飞团队提供稿件，讯飞把稿件进行人工整理分析，标注好一些需要计算机特别需要注意的点，算出音频文件。

2. 讯飞团队将合成的语音交给不同人进行初步判断筛选，进行优化处理（曾经有一集出现过最多 5 个优化版本），交给我们。一并交给我们的，还有一个带编号的解说词文本，每一句话一个编号。上述两个工作，讯飞团队一般需要 5 天左右时间。

3. 我们拿到这条人声文件，将其摆放在片中与预配音对应的位置，进行第二轮筛选。通过预判，找到那些我们认为就算通过各种手段也很难满足要求的人声，在带编号的解说词文本上做好标注，尽快反馈给讯飞，进行进一步焦点处理。不能够满足要求的原因，主要在几个方面：字与字的连贯性、句中断句、重音位置。这个工作，我们沐肆洲团队需要 3 天左右时间。

4. 在讯飞团队进一步做焦点处理的同时，沐肆洲团队开始对声音进行精剪。这是一件工作量极大的事情，也是我在下文中想说明的重点，因为这对于大家来说，这应该也是最有用的一部分。这一步的工作会分为三轮，在我们公司内，由不同的人分别剪辑三遍，通过这种方式，保证每集片子制作水平趋于一致。这个工作需要 3 天左右时间。

5. 等讯飞团队的焦点优化完成，将这些焦点替换进片子里，继续做剪辑。最终，由执行总导演亲临录音棚，与我共同度过了连续半个月，每天 12 个小时的工作。她家里的孩子期末考试，老公在家发烧，她都没太多时间回去照顾。

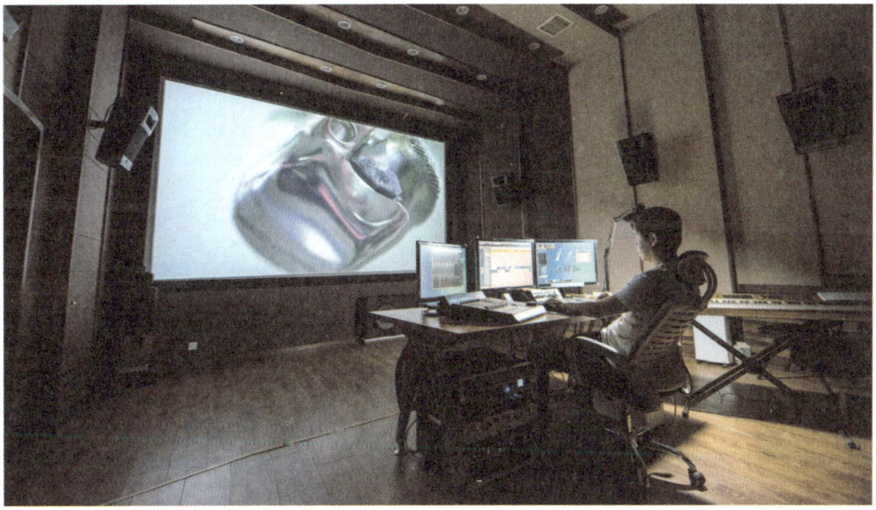

为什么把工序过程讲这么多，我是有目的的强调这一部分的。这次合成语音技术之所以能够在限定时间里呈现出一套整体水平一致、平均水平较高的状态，得益于这一套流程的设计。沐肆洲和讯飞，都是采用由不同人进行几轮初步筛选，层层过筛子，其实在概率上大大降低了硬伤的可能性，让质量维持在一个均衡的水平上。我们管这个水平叫作及格分。在及格分之上，由一两个人最终再过一遍，尽量加分。如果有漏网的硬伤，执行总导演当场改词，以尝试其他可能的组合方式。

工艺和流程是两回事。大部分剧组强调工艺，而忽略流程。所谓工匠精神，不光是一个人埋头苦干，还包括与其他工种协同工作，并设计出一套配合机制。

讯飞的语音合成技术，大家每天都在使用。比如高德导航，就是他们提供的语音技术。这次使用的，是他们的实验室级技术。

史岩总导演说："我们尽可能的做好。做好的标准，是服务于片子内容。内容才是第一位的。"

我想就算李老师在世，他一定也会努力调整自己的风格，以贴近影片内容的。

这次，我们的宗旨，并非完全复原李易老师，而是创造了一个我们心目中的人。这个人，从李易演化而来，带有他的音色，带有他的一部分语感特点。但所有的断句、重音、字头、字腹、字尾、动程，都是在现有顶级语音合成基础上重新设计的。

这个重新塑造的人，他不全是李易。他是我们根据李易的底色，尽可能反映出我们目前对纪录片解说审美的人。

对于在车里听惯了高德导航的我们来说，面对讯飞给过来的合成语音，是惊艳的。"实验室级"的技术确实要高级太多了。它已经不再是每个字都很饱满规律的电子声，而是已经有了变化。甚至，很多有明显情感倾向的词句，机器会自动放慢速度，或者将字的动程拉长，或者语调更低一点。

AI已经开始逐渐明白了字、词的意思。打个比方，让一个七八岁的孩子说一句"历史悠久的"，就算他明白什么意思，表达也不会太到位；

但他是明白意思的。

这距离纪录片解说的要求，距离我们所希望的，还是有差距的。

讯飞合成出来的语速，约在每分钟 180 字，这符合李老师的沉稳风格，但对于《创新中国》来说，语速太慢了。这并不是因为不能合成出快一点的。我们从音质角度考虑，慢了可以加快，快了可不容易变慢。且，语速慢，波形更明显，字与字的间隔就容易被处理，慢速语音更容易做剪辑重组工作。

我们拿到文件之后的处理手法，真是无所不用其极。类似“改变共鸣点位置”这样的多少年都不用的稀奇古怪的技术都使上了。这些音频手段，对非音频专业的人可能也用处不大。但我们的处理思路和判断规则，希望与大家分享。

一、关于强调

我们在日常对话交流的时候，接收方并非每个字都过脑子的，而是形成了语流来接收。但每句话中，会有一个主要表达的核心意思，这个核心意思，会集中在个别的几个字或者几个词上。在形成长句的时候，相互之间也会产生各种逻辑关系，影响重音位置。这里面反应的是人类浅层的意识思考和大量的背景知识。

但是，在目前，AI 很难理解这么复杂的事情。句子若比较复杂，它便无法确定应该强调哪个信息。这会导致语言逻辑上的模糊，接收方也就无法抓住重点。

其实，就算对于职业播音员，逻辑重音，也是重要的一课。

人类强调的方法，有四种。

1. 用调值强调。现代汉语分为四个声调，每个声调有一个调值，一声是 55，二声是 35，三声是 214，四声是 51（在实际应用中，调值的运用是非常灵活的）。但在生活语言中，除非要强调某个词，基本上是用不到 5 调值的。用到 5 调值甚至更高，往往也是为了强调某个重点词。

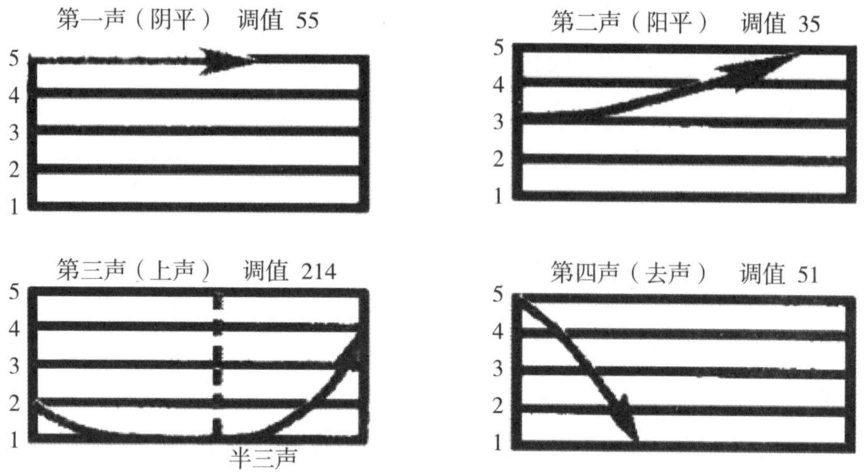

调型

举个例子，文稿中很多句子以“今天”开头。AI 很难判断这个“今”字是应该用 5 音来读，还是用 3 音来读，因为它很难判断这个“今天”，真的是指“现在”，还是指“当下一段时期”。

2. 用音量强调。这个不用多说，就是把关键字用力地说出来，用音量引起对方注意。

3. 用语速和断句强调。在要强调的字词前几个音节，语速会加快，尽量在语势上推向关键字词。相对的，重点字词就会显得长一些，让接收方不会过多地在填充性的非重点字词上耽误注意力。在要强调的字词前后位置，有设计地做一点断句或间隔处理，以让接收方能够在关键字词上多停留一些注意力。

4. 用动程强调。将需要强调的字词读慢，动程拉长，以传达不同的情绪水平信息。动程长，意味着情感波动较大，往往伴随着人类更多的“气息”，但是计算机目前很难发出来带有气声的语音，因此我们只能依靠控制音头到音尾的时间，来模拟这一段的情感。

这次人声的制作，对于意思重音的强调，不论对于讯飞的江源，还是对于我们，都是一件重要而棘手的事情。

纪录片解说里存在太多复杂的逻辑，它们需要与画面产生关系，与前后句产生关系，与全片核心内容的指向产生关系。这件事，对于 AI 来说实在是太难了——当然，对人也不容易。如果不能理解前后句、段和全片的结构，就无法判断重音应该在哪里，应该如何处理。

讯飞和沐肆洲所能做的，就是将上述四种方法，有选择性的，或者迫不得已的，或者顺水推舟的，使用在AI语音上。第一种不行，就用第二种。第二种不行，就用第三种。再不行，我们就从别的段落中找到更合适的字词，或者关联字词，替换进去。最多的时候，一句话是由来自六句话中的字、词和组合拼合而成的。甚至还有的是截取了不同两个字的声母和韵母来拼合，类似于中国古代标音的反切法。

OK，你可以认为我们这是在用巨高的代价换来的“假AI”。但是请注意，巧妇难为无米之炊。这样的制作，是必须建立在AI足够聪明的基础上的。你拿一般的语音合成软件做出来，再怎么“炊”，也达不到现在的水准。况且，你还得是个“巧妇”。

当然，还有一个更高的层次，就是用语流和语势来做强调。有一次，我向央广著名语言艺术家陆洋前辈请教，他说他自上世纪90年代，就开始注意由字词产生强调，转向语流和语势产生强调。这个级别，目前AI还完全做不到。里面牵扯到很多汉语言的格律问题，与文稿写作的可读性都有关系。

上面这段关于重音的内容，并非是教给大家如何寻找重音，而是告诉大家我们和讯飞在制作时候的思路。有了思路的指导，才能够确定每一刀剪下去是不是在朝着正确的方向走。

时至今日，每再听一次，都会发现问题，都有下刀的欲望。但是，就算是一直朝着正确的方向走，也是错的。对于一句话来说，我们不停地剪辑，认为不停地朝着我们认为正确的方向走，其结果大都是走向了另一个错误的极端。就好像人走在一座很长的拱形桥上，需要不停地确定自己所在位置是不是桥的最高点，多一步就是下坡路。

最佳的状态，往往是处于一个微妙的平衡点。

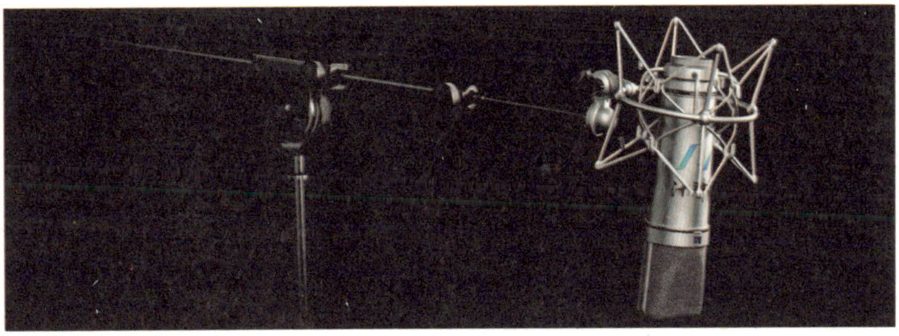

二、关于错误

人与机器的差别，除上面所说的以外，还有一点——人会犯错误，人会马虎。而机器不会。

蜡像若想做得真，五官一定不镜像对称，皮肤上也应该有几个粗大的毛孔，有点儿头皮屑。这样才有人味。“标准”的人是不存在的。

在一些拗口的地方，正常人都会绊舌头。就比如刚才这句话：“在一些拗口的地方”，“的”和“地”紧挨着，“的”不是关键字，我们不会将“的”字发得很饱满，而是一带而过，否则就会显得这句话很笨拙。我们的制作方向之一，就是要分析出来每句话中，如果让人说，在哪里会容易马虎。所以，在我们工作的时候，常常是嘟嘟囔囔的，为的是找到人类阅读的缺陷。

其实，讯飞制作的语音，已经是“非标准”的了。这种非标准表现在即使是相同的字，在不同的句子中，字的长短、调值等都会各有不同。这种非标准恰恰是“类人”的表现。“它”会随着内容的不同，点滴理解其中的意思，并采用不同手段来处理。

三、关于理解

每一句意思是不同的，则表达不同。仅仅从这一点上看，恐怕已经是令很多语言从业者要警觉的了。我所见到的不少配音员，为了追求声音的标准端庄，读啥都一样，读完了都没明白文字这么写是为什么——至少没理解透。

再向前一步说，纪录片解说的难度，不仅仅在于上述原因，还需要另外两种东西——态度和思考。对画面呈现内容的思考，以及语言里渗透出来的态度。但凡是思考着说话，对内容有理解了，一定跟纯粹的读文在语感上是不同的。解说员背后的知识积累和文化底色不同，读出来也会不同。这则需要人工智能在另一个高度上探索了。

读的前提是理解，读的目的是传播，读的核心是内容。这一点，讯飞做软件瞄准的方向，和采取的步骤，是对的。

江源说，纪录片是他们认为最难的一种合成了，难于新闻。难在分寸感，稳定中有微妙的变化，情感的内敛。他们正在调教计算机，让这种变化更加合理，更加接近人的理解。

这不仅是关乎计算机的算法，更需要其他门类科学的共同进步——比如对人脑神经传输的研究、人脑记忆的研究、人脑对外界反应的研究等。真正能够达到计算机“聪明地”说话，到那时，或许人工智能就不仅仅会对着稿子读了，而是能够产生自己的思维，能够自主写作了。

写到这里，可能大家知道我写这么多，目的何在了。

我试图找到 AI 与人在现阶段的真正差别在哪里，找到了这个差别，就找到了不被 AI 炒掉的突破口。

在现阶段，AI 可以创造出来任何一种音色，可以比人的嗓音更宽厚、更温暖、更有磁性、更加亲切、更加入耳。只需改变一些参数，再经过一些优化便可以做到。与 AI 拼音色，无人可以胜出。因为这些，都是可以量化的。

在现阶段，甚至都不需要 AI，用各种效果器插件，就可以将人的声音变亮、变厚、变薄，调整共鸣位置。这已经是几十年前的技术了。其实创新，不只是现在，不只是 AI。

在一些对内容更为关注的领域，以及对时效性要求较高的领域，比如高德导航，比如新闻快速播报，已经被 AI 大量占领了阵地。如果在未来的某个项目中，选择了 AI，没有选择人，这也是人的选择。能炒掉你的，不是 AI，其实还是人。

创新，并非突然扑面而来，而是一直在发生，潜移默化，一点一滴。但我们往往没有发现它的成长，我们看到的只是一个个节点。只有亲历创新的人，才知道它发生质的飞跃的那一个隐藏的瞬间。而我们发现它，却往往只能在朋友圈里。

在未来，人类解说能够胜出的部分，一定在于不容易量化的部分，比如情绪、比如变化、比如基于深厚的功底创造出的迭代审美。十几万年的进化，让我们默契地熟知了人与人彼此间的表达。这是新物种不容易学习的。

播出后，我看到 B 站上观众的弹幕，评价还是可以的。大部分观众不是专业人士，对于纪录片解说在专业性上的挑剔度不如专业人士高，对于 AI 和真人的差别辨识并非那么敏感，更容易包容一些我们创作中的错误与遗憾。

但，以我们目前呈现的制作水平，能够得到大部分观众的肯定，或许意味着：各位艺术工作者，如果不想被观众炒掉，得拿出来让观众觉得更有人味儿、有内涵的东西，拿出来作为人胜于 AI 对文化背景和审美上的优势。

挖掘自己，研究艺术本质，是唯一的出路。

咱们都需要找准方向，加倍努力了。

从我的专业——纪录片声音设计角度说，这三个月里，我们和剧组、和讯飞的合作，让我重新认真思考了纪录片解说这件事，细致入微，刻骨铭心。入行十几年来，从来没有任何一部纪录片，能够让我以毫秒为单位制作下来。

但是，目前制作成本还是高了些，不论对于讯飞，还是对于我们。将高科技惠及民生，不仅仅是软件编程和操作那么简单，还有良好的商业运作和准确的市场切入点。这也是下一步沐肆洲要与科大讯飞一起进一步探讨的地方。

因为我们看到了人类历史上最为波澜壮阔的一次技术革命，也就是人工智能。这一波二十年错过呢，我就六十岁退休了，我要求自己不要成为一个旁观者，或者是随波逐流者，我一定是一个趋势的驾驭者。

——吴甘沙在《创新中国》第一集里这样讲

创新，是一种时态

当我们开启梦想之旅，总会期待那激动人心的成功瞬间，但在这之前，是无数的细节和漫长的岁月，以及无处不在的失败和风险。

1 月 20 日凌晨,《创新中国》的音频监制王同听到自己修复好的这段配音后，流泪了。

那熟悉的声音犹如真实再现，这让他再次想起了逝去的恩师李易，而这声音是用人工智能技术合成的。这份让外人惊艳的“真实感”源于三个月的磨折和坚持，人工智能工程师和音乐编辑紧密合作，通过专门开发的算法和细致入微的后期处理，才终于做到了“惟妙惟肖”。

对音乐编辑来说，三个月里的每一个时刻，都被微缩到每一个音波的起伏，每一处停顿的控制，每一帧每一秒的修补。

这是《创新中国》剧组颇具代表性的一个细节。

我们是创新中国的观察者和讲述者，却一不小心也变成了创新中国小小的参与者。

长达一年半的摄制过程，几乎从零开始的学习和摸索，无数个不眠之夜的煎熬，不断的试错和修正，让我们渐渐靠近故事的主角，那些值得我们尊敬甚至仰视的创新者。他们是敢于挑战未知世界的科学家，是精益求精、殚精竭虑的工程师，是面对挑战、不言放弃的企业家。

“中国天眼之父”著名天文学家　南仁东

如果说创新有“时态”，那它只有一个时态，这就是“进行时”。在某种意义上，创新永远没有终点。

当成功的“瞬间”让人血脉偾张，作为记录者，我们更愿意关注这瞬间背后延展的时间线，以及时间线上缓缓挪动的人影。

纠结、烦恼、失意、挫折，总是相伴行走的路程。既然已经出发，便不会轻易回头。哪怕只是远方的灯塔，一个关于未来的美好愿景，我们听到的都是信心和喜悦。

是什么支撑看不到终点的奔跑？

“大家都愿意去简单地求证一个大家都相信的事情。很少有一批人，他会去求证一些大家都是今天十分怀疑的事情。”

一度备受争议的“阿里云”创始人王坚如是说。

“阿里云”创始人　王坚

“科技创新的这种课题，既然都不知道该怎么做，那怎么办，应该选最好的科学家来做，然后给他们自由，让他们想怎么做怎么做。”

国际知名生物学家、北京生命科学研究所所长王晓东如是说。

国际知名生物学家

北京生命科学研究所所长　王晓东

“我们国家发展到这样一个阶段，那我们肯定要有一些科学上世界第一的东西，应该有这样一个责任在那里。”

中国著名高能物理学家王贻芳如是说。

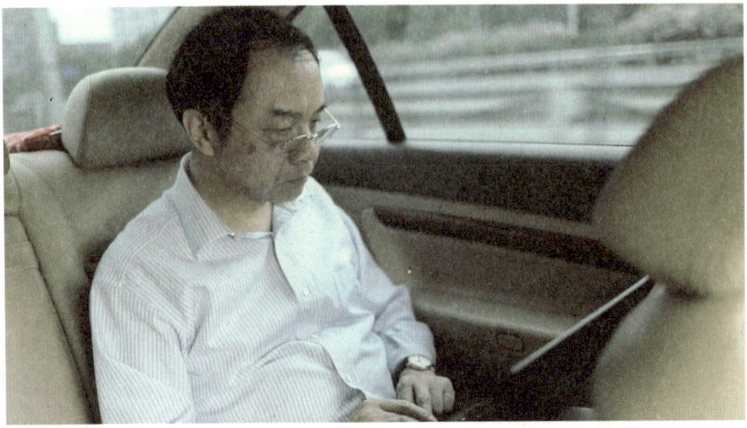

中国著名高能物理学家　王贻芳

“国际上有些项目是不带我们玩的。我们只有一个办法，那只有靠我们独立自主，靠自己的力量，也就是说只有一条路，只有靠创新。”

中国空间站系统总设计师杨宏如是说。

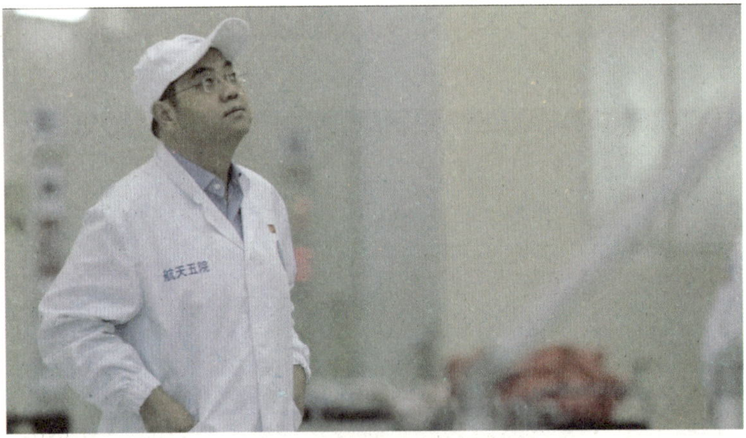

中国空间站系统总设计师　杨宏

如果说创新者有“模型”，那么这个“模型”自古以来都拥有一张相似的面孔，一张写满了热情和勇气的面孔。

人类文明的每一次进步无不源于他们的执着和信念。

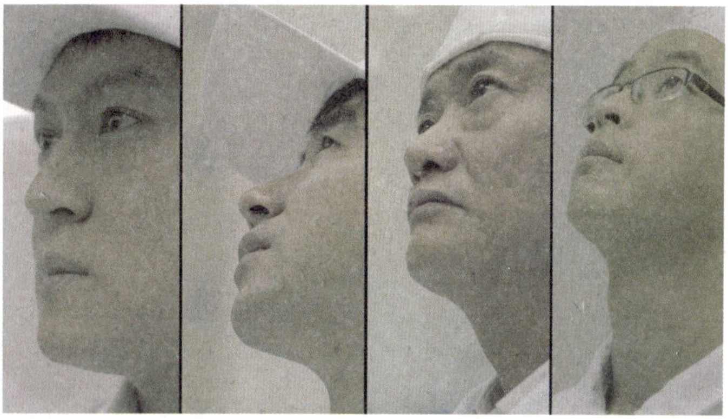

中国航天工作者

我们是幸运者，因为我们听到和看到了远比节目更多的故事，虽然最后只能呈现创新者中的一小部分，以及故事的一个截面，但已足够让我们相信未来的能量正在积蓄。

中国，被无数个“正在进行时”的创新时刻重新构建，源自新时代的创新之魂已然成型，并不断感染越来越多的行业和人们。但我们仍然需要呼喊和讲述，因为这是一个伟大的变革时代，新一轮科技革命再次降临，唯有创新，才能赢得未来。

中国人将如何抓住这次机遇？我们会面临什么样的考验和危机？我们又将如何为未来书写今天的故事？

C919 大飞机

程不时先生（左）

在首映式上，特邀嘉宾、大飞机运 -10 副总设计师、C919 大飞机顾问组成员程不时先生说，创新是人类有生以来就被赋予的一种品质，一种思维的品质，我们习惯于培养好学生，温顺的羔羊，但今天我们要捍卫起每个人心里的创新基因，要活跃起来，为辉煌的未来，做出我们应有的贡献。

也许我们面前的路还很长，但当我们看到在同一个时空中，有那么多的创新者已经出发，并且留下了深刻的时代印迹，我们可以为此感到一份自豪和振奋。但我们更希望有源源不断的后来者加入到他们的行列，做一名勇敢的拓荒者。或者，哪怕我们只是成为一个捍卫者和守护者，让创新中国的温度持续增长，乃至热烈。

这就是我们讲述中国创新故事的心意，更是我们为所有创新者代拟的一篇“行记”和“宣言”。

视频索引

责任编辑:郑牧野
封面设计:林芝玉
版式设计:中文天地

图书在版编目(CIP)数据

创新中国:视频书/《创新中国》节目组 编. —北京:人民出版社,2018.9
ISBN 978 - 7 - 01 - 019673 - 2

Ⅰ.①创… Ⅱ.①创… Ⅲ.①技术革新-成就-中国 Ⅳ.①G322

中国版本图书馆 CIP 数据核字(2018)第 189210 号

创新中国(视频书)
CHUANGXIN ZHONGGUO SHIPIN SHU

《创新中国》节目组 编

人民出版社 出版发行
(100706 北京市东城区隆福寺街 99 号)

北京汇林印务有限公司印刷 新华书店经销

2018 年 9 月第 1 版 2018 年 9 月北京第 1 次印刷
开本:710 毫米×1000 毫米 1/16 印张:15
字数:180 千字

ISBN 978 - 7 - 01 - 019673 - 2 定价:62.00 元

邮购地址 100706 北京市东城区隆福寺街 99 号
人民东方图书销售中心 电话 (010)65250042 65289539